# Materiales empleados en fabricación mecánica: Programación didáctica

## Otras publicaciones de la misma autora:

*Libros*
- 1. *Problemas resueltos de ajustes y tolerancias*, Ed. Lulu, ISBN 978-1-291-95774-7, 2014.

*Capítulos de libro*
- 1. *Photochemical treatment for water potabilization*, en *X, IUPAC Symposium on Photochemistry book of Abstracts*, ISBN 84-95936-33-X, 2004.
- 2. *Metodo secuencial por pasos para la resolucion de problemas de automatismos neumaticos por el Metodo Cascada*, en *IX Jornades d'Intercanvi d'experiències docents: Els reptes del professorat al segle XXI*, ISBN: 978-84-482-5437-7, 2010.

*Artículos didácticos*
- 1. *Desarrollo de un proyecto practico para el estudio de materiales usados en fabricacion mecánica*, en *Alambique: Didáctica de las ciencias experimentales*, **70** (2012) 109-114.
- 2. *Sistema alternativo para la resolucion de circuitos neumaticos por el metodo Cascada*, en *Quaderns Digitals*, **64** (2010).
- 3. *Resolución gráfica de problemas de ajustes y tolerancias*, en *Quaderns Digitals*, **70** (2011).

*Artículos científicos*
Co-autora de 12 artículos en revistas científicas:
- 1. A soluble and reusable colorimetric sensor based on the covalent attachment of a triarylpentenedione to poly(ethylene glycol). *European Journal of Organic Chemistry* **2005** 3045. ISSN: 1434-193X (print) 1099-0690 (online).
- 2. Monomers that form conducting polymers as structure-directing agents: synthesis of microporous molecular sieves encapsulating poly-para-phenylenevinylene. *Chemistry - A European Journal* **2007** *13* 8733. ISSN: 0947-6539 (print), 1521-3765 (online).
- 3. Electrolyte-drive electrochemical amplification by poly(thienylacetylene) encapsulated within zeolite Y. *Electrochemistry Communications* **2006** *8* 1335. ISSN: 1388-2481
- 4. Preparation and conductivity of PEDOT encapsulated inside faujasites.*Chemical Physics Letters* **2005** *415* 271. ISSN: 0009-2614
- 5. 1,3,5-triaryl-2-penten-1,5-dione anchored to insoluble supports as heterogeneous chromogenic chemosensor.*Tetrahedron* **2004** *60* 8257. ISSN: 0040-4020
- 6. Increasing the stability of electroluminescent phenylenevinylene polymers by encapsulation in nanoporous inorganic materials. *Chemistry of Materials* **2004** *16* 2142. ISSN 0897-4756
- 7. Second harmonic generation of C60 incorporated in alkali metal ion zeolites and mesoporous MCM-41 silica. *Chemistry of Materials* **2005** *17* 4097. ISSN 0897-4756
- 8. Reversible porosity changes in photoresponsive azobenzene-containing periodic mesoporous silicas. *Chemistry of Materials* **2005** *17* 4958. ISSN 0897-4756
- 9. Synthesis and photochemical properties of poly(2,5-dimethoxy-p-phenylenevi-nylene) hosted in the intergallery spaces of montmorillonite. *Journal of Physical Chemistry B* **2006** *110* 16887. ISSN 1520-6106
- 10. Electrochemiluminescence of zeolite-encapsulated poly(p-phenylenevinylene). *Journal of the American Chemical Society* **2007** *129* 8074. ISSN 0002-7863
- 11. Single-molecule spectroscopy reveals the conformational heterogeneity of conducting polymers encapsulated within hollow silica spheres. *Journal of Physical Chemistry C* **2008** *112* 4104. ISSN 1932-7447
- 12. Confinement effect of nanocages and nanotubes of mesoporous materialson the keto forms photodynamics of Sudan I. *Chemical Physics Letters* **2009** *474* 325. ISSN: 0009-2614

# Materiales empleados en fabricación mecánica: Programación didáctica

**Encarnación Peris Sanchis**

2014

Copyright © 2014 Encarnación Peris Sanchis

Todos los derechos reservados. Queda totalmente prohibido el uso o la reproducción total o parcial de cualquiera de sus apartados sin el consentimiento por escrito del propietario.

Primera edición: 2014

ISBN 978-1-291-99677-7

# Contenidos

**Prefacio** ............................................................................................................ viii
**Introducción** ........................................................................................................ 1
**Objetivos** ............................................................................................................. 5
**Contenidos** .......................................................................................................... 7
**Metodología** ..................................................................................................... 11
**Recursos a utilizar** ........................................................................................... 15
**Evaluación** ........................................................................................................ 17
**Atención a alumnos con necesidades educativas específicas de apoyo educativo** ........................................................................................................... 21
    **Conclusiones** ................................................................................................ 23
    **Bibliografía** .................................................................................................. 25
    **Desarrollo de las unidades didácticas** ........................................................ 27
        **UD 1. Clasificación y propiedades de los materiales** ............................ 27
        **UD 2. Estructura atómica y cristalina** .................................................. 30
        **UD 3. Diagramas de equilibrio y diagrama Fe-C** .................................. 32
        **UD 4. Diagramas TTT/TEC y tratamientos térmicos** ............................ 35
        **UD 5. Introducción a los tratamientos superficiales** ........................... 37
        **UD 6. Recubrimientos superficiales** ..................................................... 39
        **UD 7. Tratamientos termoquímicos** ..................................................... 40
        **UD 8. Aceros al carbono** ....................................................................... 42
        **UD 9. Aceros aleados** ............................................................................ 44
        **UD 10. Fundiciones** ............................................................................... 45
        **UD 11. Metales pesados y sus aleaciones** ............................................ 47
        **UD 12. Metales ligeros y sus aleaciones** .............................................. 48
        **UD 13. Materiales plásticos** .................................................................. 50
        **UD 14. Materiales cerámicos** ................................................................ 52
        **UD 15. Materiales compuestos** ............................................................. 53
    **Anexos** ........................................................................................................... 57
        ANEXO I. LEGISLACIÓN DE LA PROGRAMACIÓN ................................. 57
        ANEXO II. OBJETIVOS GENERALES DEL CICLO FORMATIVO ............. 58
        ANEXO III. DISTRIBUCIÓN DE LAS SESIONES DEL MÓDULO ............ 59
        ANEXO IV. PROYECTO PRÁCTICO ......................................................... 60
        ANEXO V. Evaluación Final ...................................................................... 67
        ANEXO VI. Proceso de promoción a segundo curso ............................... 68
        ANEXO VII. FICHA DEL ALUMNO (ANVERSO) ..................................... 69
        ANEXO VIII. FICHA DEL ALUMNO (REVERSO) .................................... 70

# Prefacio

"*Materiales empleados en fabricación mecánica*" es un módulo transversal, por lo que no está asociado a ninguna unidad de competencia concreta. Sin embargo, proporciona base significativa a los demás módulos de los Ciclos Formativos de grado superior en los que se incluye: "*Desarrollo de Proyectos Mecánicos*", "*Producción por Mecanizado*" y "*Producción por Fundición y Pulvimetalurgia*". En este libro se desarrolla la programación didáctica del módulo, de manera que sea adaptable y abierta a los cambios que se produzcan en el proceso educativo. En particular, las Leyes Orgánicas, Reales Decretos, Órdenes y Resoluciones que se han tenido en cuenta en su elaboración se muestran en el Anexo I. Este libro pretende pues ser de ayuda a los profesores de Formación Profesional que deban impartir el módulo de "*Materiales empleados en fabricación mecánica*" a alumnos de alguno de los ciclos formativos de grado superior en los que aparece. Se ha incluido tanto una guía metodológica de impartición de clases, como el desarrollo detallado de las 15 Unidades Didácticas que componen el módulo. Finalmente, se propone la realización de un proyecto práctico en el que los alumnos puedan ejercitar los conocimientos aprendidos durante el curso.

# Introducción

## 1.1. Marco legal

El módulo transversal *"Materiales empleados en fabricación mecánica"* se sitúa en el primer curso del ciclo formativo de grado superior *"Desarrollo de Proyectos Mecánicos"*, que pertenece a la familia profesional de Fabricación Mecánica. El presente documento desarrolla la programación didáctica del módulo, de manera que sea adaptable y abierta a los cambios que se produzcan en el proceso educativo. En el Anexo I se ha incluido la lista de Leyes Orgánicas, Reales Decretos, Órdenes y Resoluciones que se han tenido en cuenta en su elaboración.

La programación didáctica, competencia del profesor, supone el tercer nivel de concreción curricular, y su diseño se encuentra limitado a lo descrito en la normativa oficial. El primer nivel de concreción condicionante lo establecen el Título (R.D. 2416/1994) y el Currículo (R.D. 2427/1994) del Ciclo Formativo. Además, la programación también se basa en los artículos 105 y 106 del Decreto 234/1997, de 2 de septiembre (DOGV del 8-09-1997), por el que se aprueba el Reglamento Orgánico y Funcional de los Institutos de Educación Secundaria; en ellos se hace referencia tanto a la elaboración, como a los aspectos que deben incluirse en las Programaciones Didácticas. También se han seguido las directrices fijadas por la Orden del 15 de abril 2008 para conocer la organización, estructura, formato y extensión de la programación didáctica. Se han seguido además, las indicaciones recogidas en la Resolución del 12 de julio de 2007 (DOCV del 20-07-2007) por la que se dictan instrucciones sobre ordenación académica y de organización de la actividad docente de los centros de la Comunitat Valenciana que durante el curso 2007-2008 impartan ciclos formativos de Formación Profesional.

## 1.2. Ciclo Formativo de Grado Superior de Desarrollo de Proyectos Mecánicos

Según el Título de Técnico superior en Desarrollo de Proyectos Mecánicos (R.D. 2416/1994): el ciclo formativo se compone de 11 módulos: 4 módulos profesionales asociados cada uno a una unidad de competencia, 5 módulos profesionales transversales, y los módulos profesionales *"Formación y Orientación Laboral"* y *"Formación en Centros de Trabajo"*. La duración del ciclo superior es de 2000 horas, que equivalen a 2 cursos. El ciclo se desarrolla en el centro educativo, a excepción del último trimestre de segundo curso, que se desarrolla en un centro de trabajo (módulo "Formación en centro de trabajo", FCT). Los 11 módulos del ciclo son los siguientes:

Materiales empleados en fabricación mecánica

| FAMILIA PROFESIONAL: FABRICACIÓN MECÁNICA    HORAS: 2000 CICLO FORMATIVO: DESARROLLO DE PROYECTOS MECÁNICOS GRADO: SUPERIOR ||||||
|---|---|---|---|---|---|
| **PRIMER CURSO** ||| **SEGUNDO CURSO** |||
| **MÓDULO** | **HS** | **HA** | **MÓDULO** | **HS** | **HA** |
| Desarrollo de productos mecánicos (UC). | 6 | 192 | Proyectos de fabricación mecánica (T). | 8 | 286 |
| Automatización de la fabricación (UC). | 6 | 192 | Matrices, moldes y utillajes (UC). | 6 | 176 |
| Técnicas de fabricación mecánica (T). | 6 | 192 | Gestión de calidad en el diseño (UC). | 13 | 132 |
| Representación gráfica en fabricación mecánica (T). | 7 | 224 | Formación y orientación laboral. | 3 | 66 |
| Materiales empleados en fabricación mecánica (T). | 3 | 96 | Formación en centros de trabajo. || 380 |
| Relaciones en el entorno de trabajo (T) | 2 | 64 | |||
| **TOTAL** | **30** | **960** | **TOTAL** | **30** | **1040** |

**HS**: Horas lectivas semanales (32 semanas en centro educativo en el primer curso y 22 semanas en centro educativo en el segundo curso); **HA**: Horas lectivas anuales; **UC**: Módulo asociado a una unidad de competencia; **T**: Módulo transversal.

Existen diferentes vías para acceder al Ciclo Formativo, pero las más comunes son las siguientes. Los alumnos en posesión del título de Bachillerato, COU o de otro Ciclo Formativo de grado superior podrán acceder de forma directa, mientras que los alumnos procedentes de un Ciclo Formativo de grado medio de la misma familia profesional (Fabricación Mecánica) podrán acceder tras superar una prueba de acceso. Además, puede accederse sin cumplir ninguno de los requisitos anteriores si se supera una prueba de acceso a partir de los 20 años.

La titulación de Técnico Superior de Desarrollo de Proyectos Mecánicos permite el acceso a determinadas diplomaturas (Máquinas Navales, Navegación Marítima, Óptica y Optometría y Radioelectrónica Naval), ingenierías técnicas (Industrial, Naval, Diseño Industrial, Aeronáutica, Agrícola, Forestal, Informática, Minas, Obras Públicas) y arquitectura técnica.

Las ocupaciones que puede desempeñar el alumno una vez superado el Ciclo Formativo son las siguientes: Técnico de desarrollo de productos de fabricación mecánica, Técnico de CAD, Delineante proyectista, Técnico en gestión de calidad del producto en industrias de fabricación mecánica, Técnico en desarrollo de matrices, Técnico en desarrollo de moldes, Técnico en desarrollo de utillajes.

## 1.3. Módulo de Materiales empleados en fabricación mecánica

*"Materiales empleados en fabricación mecánica"* es un módulo transversal, por lo que no está asociado a ninguna unidad de competencia concreta. Sin embargo supone un elemento básico en todas ellas, ya que contribuye de forma directa a la consecución de la capacidad profesional y como complemento a las características profesionales de otros módulos. Este módulo proporciona base significativa a los demás de este ciclo formativo, así como a los módulos de los ciclos formativos de grado superior de *"Producción por Mecanizado"* y *"Producción por Fundición y Pulvimetalurgia"*.

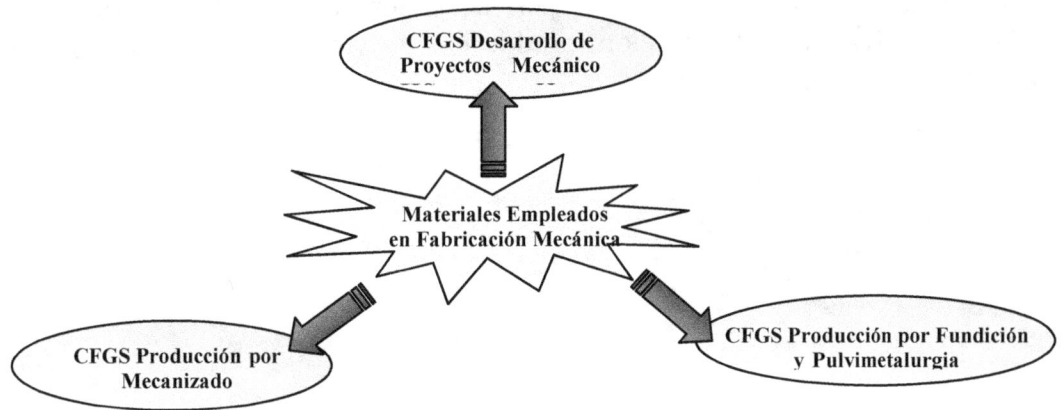

En este módulo, los alumnos conocerán los diferentes tipos de materiales utilizados en fabricación mecánica y aprenderán a seleccionar de entre ellos los más adecuados para cada aplicación en función de sus propiedades. Por sus contenidos, está muy relacionado con los módulos de "*Desarrollo de productos mecánicos*", "*Matrices, moldes y utillajes*" y "*Gestión de calidad en el diseño*", y establece los conocimientos previos para su correcto desarrollo. Por tanto, es muy importante que este módulo se estudie durante el primer curso para poder garantizar el desarrollo del ciclo formativo de forma satisfactoria.

El módulo se impartirá en 3 horas semanales, durante 32 semanas, con un total de 96 horas anuales. Estas tres horas se distribuirán en dos sesiones semanales, una de una hora y otra de dos horas, en horario de tarde. La totalidad de las horas lectivas se impartirán en el centro educativo, en un aula normal de clase. Además se utilizará el laboratorio de ensayos y un aula con ordenadores con conexión a Internet para la realización de un proyecto práctico (sección 4.3).

### 1.4. Contextualización del Centro.

Esta programación didáctica se ha elaborado para un Instituto Público de Educación Secundaria ubicado en Valencia. El IES tiene unos 1000 alumnos matriculados, repartidos entre los diferentes niveles que se imparten en el centro: ESO, Bachillerato, y Ciclos Formativos de Grado Medio y Grado Superior de familias profesionales de Madera y Mueble, Electricidad-Electrónica, Química, Construcciones Civiles y Edificación y Fabricación Mecánica.

Un grupo típico podría estar constituido por unos 20 alumnos de edad comprendida entre los 18 y los 25 años, y de variada procedencia, incluyendo alumnos procedentes de otros ciclos formativos, bachillerato, o que hayan superado la prueba de acceso. En principio supondremos que no existen alumnos con necesidades educativas específicas, aunque en el caso de que algún alumno presentara alguna minusvalía o incapacidad particular, se consultaría con el Departamento de Orientación.

### 1.5. Entorno empresarial

La programación se ha elaborado teniendo en cuenta el tipo de empresas donde el alumno va a desarrollar el módulo de "*Formación en Centros de Trabajo*" y donde posteriormente se va a integrar laboralmente. En particular, supondremos que existe un

Materiales empleados en fabricación mecánica

grupo nutrido de empresas colaboradoras pertenecientes al sector metal-mecánico que desarrollan su actividad en fabricación, producción, mecanizado en general y oficina técnica.

# Objetivos

## 2.1. Objetivos generales del Ciclo Formativo.

Los objetivos generales del Ciclo Formativo de *"Desarrollo de Proyectos Mecánicos"* representan las capacidades que el alumno debe desarrollar para poder cumplir con garantía las realizaciones asociadas a las cuatro unidades de competencia que el título le otorga. Los objetivos generales vienen especificados en el R.D. 2416/1994 y se recogen en el Anexo II. Los más relacionados con el módulo de *"Materiales empleados en fabricación mecánica"* son:

| OBJETIVOS GENERALES DEL CICLO MÁS RELEVANTES |
|---|
| - Interpretar y analizar la documentación técnica de proyectos de fabricación mecánica. |
| - Comprender las características físicas y mecánicas de los materiales existentes en el mercado, para su correcta selección y aplicación. |
| - Interpretar, analizar y aplicar criterios de calidad y seguridad, al desarrollo del producto. |
| - Valorar los ensayos de control de calidad (características de los materiales, del producto o prototipo,...), para que el producto desarrollado cumpla las especificaciones técnicas de calidad, seguridad, fabricabilidad, ... exigidas. |

## 2.2. Objetivos del módulo Materiales empleados en fabricación mecánica

Los objetivos del módulo, también llamados ***capacidades terminales***, expresan los resultados que se deben alcanzar al terminar el módulo. Estos objetivos son un referente importante a la hora de definir la programación.

Las capacidades terminales se encuentran recogidas en el título (R.D. 2416/1994) y son las siguientes:

| CAPACIDADES TERMINALES |
|---|
| - **CT1**- Analizar las propiedades físicas, químicas, mecánicas y tecnológicas, de materiales metálicos y no metálicos, utilizados en los procesos de fabricación mecánica (mecanizado, fundición, tratamientos, conformado, ...) determinando cómo modificar dichas propiedades. |
| - **CT2**- Analizar el diagrama de equilibrio de aleaciones metálicas binarias, para determinar las condiciones del proceso, en función de las características metalúrgicas del producto final |
| - **CT3**- Analizar los tratamientos térmicos y superficiales que se realizan dentro de procesos de fabricación, identificando las modificaciones de las características que se producen en función de dichos tratamientos. |
| - **CT4**- Analizar las características observables por procedimientos metalográficos, de los metales que intervienen en el proceso de fabricación mecánica. |

Materiales empleados en fabricación mecánica

# Contenidos

Después del análisis de objetivos, se exponen a continuación los contenidos del módulo clasificándolos en tres grupos: *conceptos*, *procedimientos* y *actitudes*.

## 3.1. Contenidos del módulo: conceptuales, procedimentales y actitudinales.

### 3.1.1. Contenidos conceptuales.

El currículo oficial del ciclo formativo (R.D. 2427/1994) determina unos contenidos divididos en cinco bloques, que se recogen en el siguiente cuadro. Para elaborar la programación se han respetado estos contenidos, pero no se ha seguido el orden señalado para establecer la secuencia de las UDs. Se ha optado por un proceso de <u>aprendizaje progresivo</u>, exponiendo en primer lugar los contenidos de menor complejidad, para construir a partir de ellos los conceptos más complicados. El orden en el que se han organizado las unidades didácticas se detalla en el apartado 3.2.

| **BLOQUE A) Materiales** |
|---|
| - Materiales metálicos. Clasificación y designación |
| - Materiales no metálicos. Clasificación y designación |
| - Metales ferrosos. Clasificación y designación |
| - Metales no ferrosos. Clasificación y designación |
| - Fundiciones. Clasificación. Tipos. Aplicaciones |
| - Plásticos (altos polímeros). Clasificación y propiedades<br>    Sistemas de transformación y aplicaciones<br>    Cerámicos. |
| -Materiales compuestos. Endurecidos. Reforzados |
| - Principales componentes<br>    Sistema de transformación y aplicaciones |
| -Formas comerciales de los materiales<br>    Nomenclatura y siglas de comercialización |
| **BLOQUE B) Tratamientos térmicos y superficiales** |
| -Normas y especificaciones técnicas |
| - Fundamento y objeto |
| - Tipos. Aplicaciones. Procedimientos |
| - Variables que se deben controlar en los procesos de tratamiento |
| - Influencia sobre las características de los materiales |
| - Sistemas de identificación de las piezas en los procesos de tratamientos |
| - Detección y evaluación de defectos<br>    Tipos de defectos<br>    Sistemas de detección y evaluación de defectos |
| **BLOQUE C) Estructuras metalográficas** |
| - Estructura cristalina |
| - Estructura de los metales y aleaciones |
| - Constituyentes micrográficos y micrográficos |
| - Estados alotrópicos del hierro |

Materiales empleados en fabricación mecánica

| **BLOQUE D) Transformaciones metalúrgicas** |
|---|
| - Temperatura y puntos críticos |
| - Diagramas de equilibrio<br>    Diagramas binarios<br>    Diagramas hierro-carbono |
| - Transformaciones isotérmicas de la austenita |
| - Transformación de la austenita en el enfriamiento continuo |
| **BLOQUE E) Propiedades de los materiales** |
| - Físicas |
| - Químicas |
| - Mecánicas |
| - Tecnológicas |
| - Estudio de la deformación plástica de los metales |
| - Estudio de la corrosión de los metales |

### 3.1.2. Contenidos procedimentales.

Podemos agrupar los contenidos procedimentales que se abordarán en el módulo de "*Materiales empleados en fabricación mecánica*" en tres grupos:

| **1) Selección de materiales** |
|---|
| - Identificación de las principales propiedades que debe cumplir el material. |
| - Determinación, con carácter absoluto o relativo, de los valores cuantitativos de estas propiedades |
| - Análisis de la influencia de los tratamientos térmicos y termoquímicos en el comporta-miento de los materiales |
| - Selección de diversas opciones de materiales apropiados |
| - Determinación de las condiciones de proveimiento y coste |
| - Concreción de la propuesta de material que se debe utilizar en una aplicación concreta |
| **2) Mejora de las propiedades de los materiales** |
| - Definición del problema planteado |
| - Análisis de posibles causas |
| - Búsqueda de datos |
| - Concreción de posibles soluciones técnicas |
| - Cuantificación económica de estas posibles soluciones |
| - Proposición de soluciones concretas en la mejora de las propiedades de los materiales |
| - Definición de las ventajas e inconvenientes de la solución elegida |
| - Determinación de costes |
| - Proposición definitiva de actuación en la mejora de las propiedades de los materiales en función da la aplicación predeterminada |
| **3) Análisis de materiales** |
| - Identificación de los parámetros y de las características de los materiales que se han de analizar |
| - Selección del método que se debe utilizar |
| - Preparación de la muestra |
| - Ejecución del método |
| - Obtención de datos |
| - Interpretación de resultados |

### 3.1.3. Contenidos Actitudinales.

| Contenidos Actitudinales |
|---|
| - Observación, constancia, responsabilidad y respeto a las normas de seguridad y autocrítica en el trabajo individual |
| - Voluntad de diálogo e intercanvios críticos. Capacidad de llegar a acuerdos y de llevarlos a cabo en colaboración. |
| - Respeto por las convenciones y normas internacionales sobre normalización y unidades de medida. |
| - *Educación ambiental (TEMA TRANSVERSAL\*)*: Previsión y prevención de los efectos ambientales de las actividades industriales. |
| - *Educación para la salud (TEMA TRANSVERSAL\*)*: Respeto por las normas de uso de las máquinas empleadas en los ensayos sobre materiales |
| - *Educación del consumidor (TEMA TRANVERSAL\*):* valoración de la utilidad de diferentes familias de materiales empleados en fabricación mecánica a partir de sus características técnicas y su precio de mercado. |

\* Los **_temas transversales_** son contenidos de carácter educativo que están presentes en todas las áreas, materias y módulos, según contemplan el Proyecto Educativo del Centro y el Proyecto Curricular de Centro. El objetivo es conseguir una educación integral: unir los conocimientos de las áreas y los valores esenciales para formar una sociedad democrática y pluralista. En la tabla se han destacado los temas transversales que con mayor profundidad se trabajarán el módulo.

### 3.2. Estructura, temporización y secuenciación de contenidos.

El módulo se estructura en 15 unidades. Para su temporización se debe tener en cuenta que, además del tiempo destinado al desarrollo de las unidades, se debe reservar tiempo suficiente para otras actividades. En concreto, se destinan 6 sesiones para actividades complementarias consistentes en una visita por trimestre a empresas relacionadas con la fabricación mecánica. Además, en cada trimestre se realizarán dos pruebas objetivas, a las que deberemos reservar tiempo. El módulo cuenta también con un proyecto práctico que se desarrollará a lo largo del curso y al que se reservarán 10 sesiones. Teniendo en cuenta todo esto, quedan 74 sesiones para el desarrollo de las 15 UDs (ver Anexo III). En el caso de disponer de menos tiempo del previsto (por posibles situaciones puntuales que se puedan presentar), se intentará reducir de forma ponderada las diferentes partes. La secuenciación que seguiremos es la que se indica en la tabla.

Materiales empleados en fabricación mecánica

| | UNIDADES DIDÁCTICAS | NS | CT | BC |
|---|---|---|---|---|
| **PRIMER TRIMESTRE (32 HORAS)** | UD1. Clasificación y propiedades de los materiales | 7 | 1 | A, E |
| | UD2. Estructura atómica y cristalina | 7 | 1,4 | C |
| | **Prueba objetiva** (UDs 1 y 2) | | | |
| | UD3. Diagramas de equilibrio y Diagrama Fe-C | 7 | 2,4 | D |
| | UD4. Diagramas TTT/TEC y Tratamientos térmicos | 8 | 1,2,3 | B, D |
| | **Prueba objetiva** (UDs 3 y 4) | | | |
| | *Proyecto 1ª Parte* | 3 | 1 | E |
| **SEGUNDO TRIMESTRE (30 HORAS)** | UD5. Introducción a los tratamientos superficiales | 5 | 1,3 | B |
| | UD6. Recubrimientos superficiales | 5 | 1,3 | B |
| | UD7. Tratamientos termoquímicos | 6 | 1,3 | B |
| | **Prueba objetiva** (UDs 5, 6 y 7) | | | |
| | UD8. Aceros al carbono | 5 | 1 | A |
| | UD9. Aceros aleados | 6 | 1 | A |
| | **Prueba objetiva** (UDs 8 y 9) | | | |
| | *Proyecto 2ª Parte* | 3 | 1 | A |
| **TERCER TRIMESTRE (28 HORAS)** | UD10. Fundiciones | 4 | 1,4 | A |
| | UD11. Metales pesados y sus aleaciones | 4 | 1 | A |
| | UD12. Metales ligeros y sus aleaciones | 5 | 1 | A |
| | **Prueba objetiva** (UDs 10, 11 y 12) | | | |
| | UD13. Materiales plásticos | 4 | 1 | A |
| | UD14. Materiales cerámicos | 3 | 1 | A |
| | UD15. Materiales compuestos | 4 | 1 | A |
| | **Prueba objetiva** (UDs 13, 14 y 15) | | | |
| | *Proyecto 3ª Parte* | 4 | 1 | A,B,E |
| | **UNIDADES DIDÁCTICAS** | 90 | | |
| | **ACTIVIDADES COMPLEMENTARIAS** | 6 | | |
| | **TOTAL MÓDULO** | 96 | | |

El tiempo destinado a la parte del proyecto asignada a cada trimestre se repartirá a lo largo del mismo, en función de los contenidos trabajados en las diferentes UDs. En la tabla se especifica el número de sesiones (NS) dedicadas a cada UD, así como las capacidades terminales (CT, apartado 2.2) y los bloques de contenidos fijados por la legislación. (BC, apartado 3.1.1) que se tratan en cada UD, de tal forma que así podemos comprobar la total adecuación de nuestra programación al currículo oficial del módulo.

# Metodología

## 4.1. Orientaciones didácticas.

Seguiremos 5 principios metodológicos:

| PRINCIPIOS METODOLÓGICOS |
|---|
| - Impulsar la participación activa del alumno. |
| - Partir del nivel de conocimientos del alumno. |
| - Incentivar el aprendizaje significativo. |
| - Estimular las conexiones intradisciplinares e interdisciplinares entre los contenidos. |
| - Desarrollar la capacidad de aprender a aprender. |

Para seguir estos principios aplicaremos un ***estilo docente democrático***. Este método favorece el comportamiento activo y espontáneo del alumno y crea una atmósfera satisfactoria para trabajar. Se debe utilizar un tono afable en las discusiones y referirse al grupo cuando hablamos. Seremos abiertos y flexibles. Se incentivará el compañerismo y el sentimiento de pertenencia al grupo. Se dialogará. Se propondrán acciones en grupo: dinámicas en grupo que se desarrollarán en el aula y trabajos escritos fuera del aula, para obtener mejores resultados. No debemos olvidar que nos encontramos dentro de un módulo de Formación Profesional Específica y nuestra obligación es formar al alumno para que se integre en la empresa y sea un buen profesional. Así pues, los trabajos en grupo van a permitir que el alumno se familiarice con los métodos de trabajo que posteriormente va a encontrar en la empresa y van a favorecer su integración y el desarrollo de sus capacidades de cooperación y solidaridad. Los grupos serán de 4 personas en los trabajos en los que prime la discusión y el debate de soluciones. Se realizarán grupos de 2 personas cuando lo que se quiera obtener es un resultado rápido a propuestas de cierta complejidad. Con los grupos reducidos se incentiva la toma rápida de decisiones.

Al inicio de cada unidad didáctica, presentaremos la unidad explicando los objetivos y los contenidos resumidos. Intentaremos ***motivar*** al alumno mediante un breve resumen sobre la importancia de los contenidos tratados, haciendo especial hincapié en sus aplicaciones. Cuando empecemos una clase realizaremos un pequeño repaso de la clase anterior para refrescar la memoria. Nos apoyaremos en esquemas-resumen y material didáctico para que el alumno comprenda bien los contenidos. Estos contenidos se desarrollarán a través de ejemplos y ejercicios inmediatos de aplicación, en los que el profesor actuará de mero orientador y serán los alumnos los que deberán llegar a su resolución.

Utilizaremos varios métodos de impartición, como se resume en la Tabla siguiente:

Materiales empleados en fabricación mecánica

| MÉTODOS DE IMPARTICIÓN |
|---|
| - ***Método expositivo***  (clase magistral) para los contenidos de carácter conceptual. Alternaremos cada aspecto teórico con un ejemplo o una aplicación práctica. Cuando haya una fuerte carga teórica es recomendable realizar pequeños cortes en los que insertaremos una aplicación de la vida real para que el nivel de atención no decaiga.<br><br>- Alternaremos el método expositivo con el ***método interrogativo***, con preguntas a los alumnos que fomenten el aprendizaje ensayo-error (los alumnos prueban una solución a un problema y si es incorrecta, vuelven a intentar otra solución posible). Se incentiva la participación en clase, la iniciativa y la motivación del alumnado. Así dado que muchos alumnos compatibilizan los estudios con trabajos en empresas en el área de fabricación mecánica, se intentará que sean los mismos alumnos los que aporten ejemplos prácticos. Prepararemos las preguntas y las posibles respuestas equivocadas de los alumnos. También completaremos las respuestas de los alumnos en caso de que sea necesario.<br><br>- Aplicaremos también el ***método demostrativo***. Los alumnos realizarán ejemplos similares a los realizados en clase por el profesor. Con este método se inducirá un aprendizaje por imitación. Se puede aplicar esta metodología para trabajar los contenidos procedimentales. |

En función del momento y el tipo de actividades, utilizaremos varias técnicas grupales.

| TÉCNICAS GRUPALES |
|---|
| - Al iniciar el curso podemos utilizar la ***entrevista*** como técnica grupal en los primeros días, para conocer a los alumnos.<br>- Para resolver las preguntas lanzadas a los alumnos utilizaremos la ***técnica del grupo nominal***, en la que los alumnos aportarán sus opiniones de forma individual y sumaremos los resultados utilizando la votación para conseguir una valoración grupal.<br>- Cuando se propongan ejercicios se puede utilizar la ***técnica de grupo estudio de casos***, que consiste en analizar y evaluar en pequeños grupos un caso o situación con todos sus detalles para sacar conclusiones. |

**4.2. Actividades.**

En las unidades didácticas se realizarán diferentes tipos de actividades de enseñanza-aprendizaje. Las actividades se pueden clasificar en:

| TIPOS DE ACTIVIDADES |
|---|
| - ***Actividades de presentación y motivación (PM)***. Al iniciar una unidad didáctica presentaremos los contenidos y los objetivos e intentaremos con ello motivar el interés del alumno, haciéndole ver la importancia de los contenidos tratados y su aplicabilidad directa.<br>- ***Actividades de conocimientos previos (CP)***. Sirven para determinar los conocimientos previos que posee el alumno para poder ajustar el nivel de contenidos a desarrollar en la UD.<br>- ***Actividades de apoyo a la explicación (AE)***. Estas actividades son necesarias para el desarrollo de los contenidos. Son actividades concretas y especificas para cada unidad didáctica. Incluyen tanto ejemplos expuestos por el profesor como problemas propuestos en clase.<br><br>- ***Actividades de consolidación de conocimientos (CC)***. Al finalizar la unidad didáctica se propondrán actividades para afianzar los conocimientos y a la vez evaluar el grado de adquisición. Las actividades pueden ser prácticas que consistan en un trabajo individual o grupal. Normalmente se realizarán por los alumnos fuera del centro (en sus casas). Otra posibilidad es que las actividades se preparen en casa y luego se desarrollen en el centro. En cualquier caso, las actividades deben suponer un esfuerzo o estudio adicional fuera del horario lectivo. El profesor observará a los alumnos y los asesorará. |
| **TIPOS DE ACTIVIDADES (*continuación*)** |
| - ***Actividades de refuerzo (AR)***. Para el alumnado con necesidades educativas específicas: por dificultades de aprendizaje, por condiciones personales, etc. Estas actividades no incrementarán el número de sesiones, sino que se realizarán paralelamente a algunas de las anteriores y se deberán preparar por el alumno en casa.<br><br>- ***Actividades de ampliación (AA)***. Para aquellos alumnos que hayan realizado de forma satisfactoria las actividades propuestas y que van encaminadas a profundizar en ciertos contenidos. Estas actividades no incrementarán el número de sesiones, sino que se realizarán paralelamente a algunas de las anteriores y se deberán preparar por el alumno en casa.<br>- ***Actividades de evaluación (Ev)***. Se realizarán dos pruebas objetivas durante cada trimestre para llevar a cabo la evaluación continua o formativa a lo largo del curso. Estas pruebas objetivas abarcan varias unidades didácticas, como se especifica en el cuadro en la sección 3.2. |

**4.3. Actividades prácticas.**

Los tipos de actividades anteriores se aplicarán para evaluar los conocimientos "teóricos" de los alumnos. El módulo contendrá además un proyecto práctico, que se realizará a lo largo de todo el curso. Durante el primer trimestre, en el que el alumno habrá estudiado las propiedades de los materiales (UD 1), el proyecto consistirá en el uso de los instrumentos de medida disponibles en el Instituto para determinar las propiedades más relevantes de algunos materiales. Esta parte del proyecto se realizará en el Laboratorio de Ensayos. Durante el segundo trimestre se enseñará a los alumnos a utilizar los recursos disponibles en Internet para obtener información referente a las propiedades de los materiales. Esta práctica se realizará en un aula técnica, provista de ordenadores con conexión a Internet. A los alumnos se les proporcionarán los enlaces a bases de datos gratuitas en Internet, se les enseñará cómo buscar información en ellas y se les plantearán ejemplos prácticos de selección de materiales. Finalmente, durante el tercer trimestre se pretende que el alumno aplique los conocimientos adquiridos durante el curso y que designe los materiales más adecuados para realizar un conjunto de piezas de una máquina, que indique el proceso de fabricación y los tratamientos necesarios. Para la realización del proyecto práctico se trabajará en grupos de 3 ó 4 alumnos. En el Anexo IV se presentan las tareas a realizar.

### 4.4. Actividades complementarias.

Además de las actividades asociadas a las UDs en el centro, se plantean una serie de ***actividades complementarias***. En coordinación con el departamento y el Instituto se planificará una visita por trimestre a empresas y laboratorios relacionados con los contenidos del módulo.

1- Departamento de Materiales de la Universidad Politécnica de Valencia. Los alumnos ampliarán sus conocimientos sobre los ensayos para la determinación de las propiedades de los materiales. Esta visita se propone para el 1$^{er}$ trimestre, dada su relación con la UD 1.

2- GALESA, Galvanizadora Valenciana S.A.: Empresa valenciana de galvanizados situada en el polígono de Cheste. Esta visita podría realizarse durante el 2º trimestre, dada su relación con las UDs dedicadas a los tratamientos y recubrimientos de superficie.

3- UBE Corporation Europe, SA: Grupo internacional situado en Castellón que se dedica a la preparación de materiales plásticos, cerámicos y compuestos. Esta visita se realizará al final del curso, cuando el alumno haya estudiado las UDs dedicadas a materiales no metálicos.

# Recursos a utilizar

Antes de iniciar el curso, es conveniente que todos los profesores del departamento de fabricación mecánica que impartan módulos en talleres o laboratorios y necesiten material específico, se pongan de acuerdo entre ellos sobre qué recursos necesitan y por cuánto tiempo. Así se podrán secuenciar adecuadamente los contenidos, objetivos y actividades de sus respectivos módulos y obtener así el máximo aprovechamiento de los mismos.

## 5.1. Recursos personales.

El profesor, que en este caso será un profesor de secundaria de la especialidad Organización y proyectos de fabricación mecánica. El profesor actuará en coordinación con el resto de miembros del equipo educativo del Centro.

## 5.2. Recursos de espacios.

El título de Técnico superior en desarrollo de proyectos mecánicos (RD 2416/1994) fija los requisitos mínimos de espacios e instalaciones para impartir estas enseñanzas, y que incluyen taller de mecanizado, laboratorios de ensayos, metrología y automatismos, así como aula técnica y aula polivalente (aula normal de clase). Para el desarrollo del módulo de "*Materiales empleados en fabricación mecánica*", debido a su carácter eminentemente teórico, se utilizará un aula normal de clase, salvo en algunas ocasiones como son:
Para la realización de búsquedas de información por Internet y para otras actividades que requieran el uso del ordenador, se utilizarán los ordenadores disponibles en el aula técnica.
Para ver elementos reales que no sea posible desplazar al aula se visitarán los talleres que están en el mismo centro.
Para la realización de los ensayos para determinar las propiedades de los materiales se utilizará el correspondiente laboratorio de ensayos.

## 5.3. Recursos materiales.

Los recursos didácticos que se van a utilizar serán los siguientes:

| RECURSOS MATERIALES |
|---|
| - Material bibliográfico de apoyo: No se sugiere al alumno ningún libro de texto. El material de apoyo consistirá en leyes, normas, reales decretos, catálogos de fabricantes de materiales, revistas especializadas, así como los libros que se mencionan en el apartado de Bibliografía de esta programación (apartado 9). Además al alumno se le proporcionarán transparencias con esquemas de los contenidos desarrollados y fotocopias de apuntes elaborados por el profesor.<br>- Pizarra, transparencias y vídeos específicos.<br>- Material informático: retroproyector de transparencias, ordenador con cañón proyector y programas informáticos como powerpoint, navegador para búsqueda de información en Internet y bases de datos con propiedades de materiales.<br>- Muestras de materiales, maquetas de mecanismos y mecanismos reales. |

# Evaluación

La evaluación toma como referente normativo la Ley Orgánica de Educación 2/2006 de 3 de mayo, así como la Resolución de 12 de julio de 2007 de la Consellería de Cultura y Educación sobre la organización de la actividad docente en los centros de F.P.E. en la Comunitat Valenciana.

La evaluación tiene que ser una herramienta que sirva al alumno para conocer su evolución en la materia y tiene que dar información a los profesores a partir de la respuesta de los alumnos. Esta información permite al profesor comprobar y mejorar el proceso de aprendizaje. La planificación de la evaluación debe indicar el ***qué*** (criterios de evaluación), el ***cuándo*** y el ***cómo*** (métodos o instrumentos) se evaluará el progreso de aprendizaje del alumno.

### 6.1. ¿Qué evaluar?. Criterios de evaluación.

Debemos evaluar el cumplimiento de los contenidos mínimos y la consecución de las capacidades terminales. Los criterios de evaluación del título (R.D. 2416/1994) van a ser nuestra referencia. En particular, los criterios de evaluación reseñados para el módulo son:

| CRITERIOS DE EVALUACIÓN |
| --- |
| - Explicar las principales propiedades físicas (densidad, puntos de fusión, calor específico) de los materiales, relacionando cada uno de ellos con los distintos procesos de fabricación mecánica (CT1). |
| - Explicar las principales propiedades químicas (resistencia a la corrosión, al ataque químico o electroquímico) de los materiales, relacionando cada una de ellas con los distintos procesos de fabricación mecánica (CT1). |
| - Explicar las principales propiedades mecánicas (dureza, tracción, resiliencia, elasticidad, fatiga) de los materiales, relacionando cada una de ellas con los distintos procesos de fabricación mecánica (CT1). |
| - Explicar las principales propiedades de manufactura o tecnológicas (maquinabilidad, ductilidad, maleabilidad, temperabilidad, fundibilidad) de los materiales, relacionando cada una de ellas con los distintos procesos de fabricación (CT1). |
| - Relacionar entre sí propiedades físicas, químicas, mecánicas y tecnológicas, explicando las variaciones que se producen en unas según varían los valores de otras (CT1). |
| - Justificar la elección de distintos materiales, según sus propiedades y en función de sus posibles aplicaciones tipo (CT1). |
| - Explicar los factores que influyen en las transformaciones metalúrgicas (componentes, porcentajes, tiempo, temperatura) y forman parte de los diagramas de equilibrio (CT2). |
| - Relacionar las distintas aleaciones metálicas con las transformaciones que se producen en los diferentes procesos de la fabricación mecánica (CT2). |
| - Determinar los constituyentes (ferrita, martensita, perlita) y concentraciones de los mismos de una aleación Fe-C, así como la calidad metalúrgica (tamaño de grano, oxidaciones) en función de las características del producto final (CT2). |
| - Explicar las transformaciones que se producen en los tratamientos, relacionándolas con las características que adquiere la pieza tratada (CT3). |
| - Interpretar los gráficos que relacionan las distintas variables, teniendo en cuenta las |

transformaciones en estado sólido (CT3).
- Describir los procedimientos de realización de los tratamientos térmicos, superficiales y térmico-superficiales (temple por inducción), aplicables a los materiales, relacionándolos con las instalaciones que se utilizan (CT3).
- Explicar las características metalográficas y propiedades de los principales metales (CT4).
- Describir los procesos de solidificación de los metales y las estructuras granulares observables por medios metalográficos (CT4).

### 6.2. ¿Cuándo evaluar? Estructura y características de la evaluación.

Se realizará una ***evaluación inicial*** o diagnóstica al inicio del curso. Esta evaluación nos permite empezar el curso partiendo del nivel de conocimientos del alumno. Permite adecuar las intenciones a las destrezas previas de los alumnos. Para llevar a cabo esta evaluación se realizará una prueba objetiva escrita, como la mostrada en el Anexo V.

Se llevará a cabo una ***evaluación continua*** o formativa a lo largo del curso. Mediante la evaluación continua podemos identificar los avances y las dificultades que se van produciendo. Proporciona información sobre los progresos de los alumnos y sus conductas. Así se pueden realizar modificaciones (acciones correctoras) en el proceso de enseñanza-aprendizaje y orientar los esfuerzos de los alumnos. La evaluación continua se realizará a través de los ejercicios, pruebas objetivas y observación diaria. Se observará el comportamiento de los alumnos y se detectarán los posibles conflictos que puedan surgir y se redirigirán para conseguir los objetivos.

La ***evaluación final o sumativa*** tomará datos de la evaluación continua y añadirá los datos finales obtenidos de forma más puntual. La evaluación final permite hacer una valoración global del cumplimiento de los objetivos propuestos en la programación del módulo.

A lo largo del curso se realizarán tres ***evaluaciones*** correspondientes a los tres trimestres en que se organiza el curso. Al final de curso se dará la nota final del módulo. En caso de no superar alguna de las evaluaciones del módulo, el alumno podrá acceder a la ***convocatoria ordinaria de junio*** y, de ser necesario, a la ***convocatoria extraordinaria de septiembre***, bajo los criterios que marca la Resolución del 12 de julio de 2007 (DOGV de 20 de julio de 2007) (ver Anexo VI).

### 6.3. ¿Cómo evaluar?. Instrumentos de evaluación.

Los conocimientos de los alumnos se evaluarán a través de:
- ***Pruebas objetivas escritas***. Dos por trimestre.
- ***Realización de las actividades propuestas*** en cada unidad didáctica.
- ***Memoria del proyecto***. Al finalizar cada parte del proyecto práctico, el alumno deberá presentar una memoria explicativa de la práctica realizada.

Por otra parte, la actitud se evaluará a través de la observación directa de:
- ***Comportamiento en el aula***. Se valorarán aquellas actitudes positivas frente al trabajo, el orden, la capacidad de trabajo en equipo y todas aquellas encaminadas a mejorar el proceso de enseñanza- aprendizaje y su grado de implicación.
- ***Asistencia y puntualidad***. En la Formación Profesional es obligatoria la asistencia a clase. Debido a que se trata de un módulo de ciclo de grado superior,

existe una tendencia en este tipo de alumnos al absentismo de las clases. Por lo tanto es necesario que los alumnos sepan que una parte de la nota depende de su asistencia, y se debe llevar un exhaustivo registro de las faltas de asistencia. Es necesario comunicarlo al tutor y ponerlo en conocimiento de los padres. Para esta Programación Didáctica, supondremos que el Reglamento de Régimen Interno del IES establece que aquel alumno que falte al 20% de las horas lectivas del módulo (19 horas en nuestro caso por ser un módulo de 96 horas) perderá el derecho a la evaluación continua, aunque seguirá realizando las actividades con normalidad. El alumno que no asista al total de horas lectivas programadas para la evaluación correspondiente, tendrá que recuperar ese periodo de tiempo por medio de los ejercicios que designe el profesor.

- ***Revisión del cuaderno de trabajo***. Se valorará el orden, limpieza, y la realización de todas las actividades planteadas.

Como instrumento de evaluación se utilizará la ***Ficha del Alumno***. Esta hoja de control se muestra en el Anexo VII, y en ella se anotará toda la información personal de cada alumno, incluyendo su fotografía, así como sus resultados de evaluación. Se anotarán las calificaciones obtenidas en las actividades planteadas en cada unidad didáctica, en la realización del proyecto práctico y en las pruebas objetivas escritas de cada trimestre. Se realizarán anotaciones sobre el comportamiento y participación en clase. En la ficha constarán las calificaciones globales de cada trimestre y la nota final de la evaluación ordinaria de junio y extraordinaria de septiembre.

Por otra parte, en el ***reverso*** de la Ficha del alumno (Anexo VIII) se anotarán las faltas de asistencia de cada alumno para poder llevar así un seguimiento apropiado a lo largo del curso.

## 6.4. Criterios de calificación.

La valoración de los conocimientos se realizará teniendo en cuenta los siguientes aspectos:

- Cada actividad propuesta se valorará de 1 a 10, teniendo en cuenta tanto los criterios de calificación indicados, como el procedimiento, la buena resolución y la actitud del alumno (interés por el trabajo, el orden, la forma de afrontar los problemas, tiempo de ejecución y la toma de decisiones). La nota media de todas las actividades propuestas en cada unidad didáctica será la nota de esa unidad y se reflejará en la Ficha del Alumno.

- A lo largo de cada trimestre se realizarán dos pruebas objetivas escritas, que también se puntuarán de 1 a 10 y cuya calificación se anotará en el apartado correspondiente de la Ficha del Alumno.

- La ejecución del proyecto práctico y la elaboración de una memoria también se puntuará de 1 a 10. Esta nota tendrá en cuenta la ejecución de la parte práctica, la corrección de los resultados obtenidos y la claridad de redacción de la memoria.

- Al final de cada evaluación, la nota se calculará de acuerdo a los siguientes porcentajes:

Materiales empleados en fabricación mecánica

| CALIFICACIÓN TRIMESTRAL |
|---|
| **60%** para la parte **conceptual** (pruebas objetivas escritas)<br>**30%** para la parte **procedimental**<br>    **15%** actividades propuestas<br>    **15%** ejecución del proyecto y elaboración de la memoria<br>**10%** para la parte **actitudinal**<br>    **5%** comportamiento y participación<br>    **5%** asistencia y puntualidad |

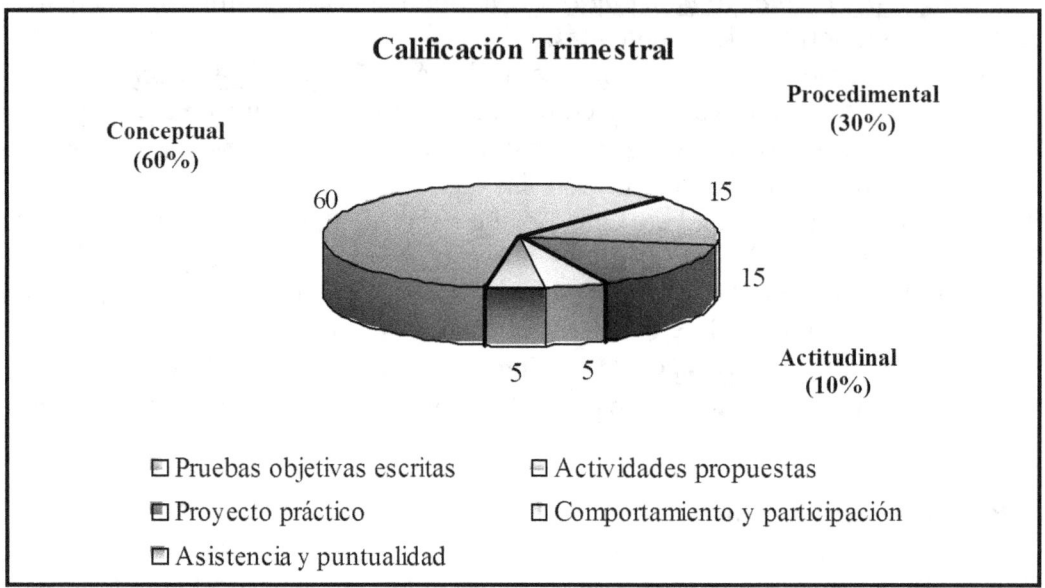

- Para aprobar la evaluación de cada trimestre, es necesario obtener una nota mínima de 5 puntos. Los alumnos que no consigan esa nota en la calificación del trimestre podrán realizar una prueba objetiva escrita de recuperación y se valorará su evolución en el trimestre siguiente.
- Después de cada sesión de evaluación, el alumno será informado individualmente y por escrito de su progreso en la obtención de los objetivos generales del ciclo formativo y de los objetivos específicos de los módulos profesionales calificados.
- La calificación global del módulo será la media de las obtenidas en cada trimestre.

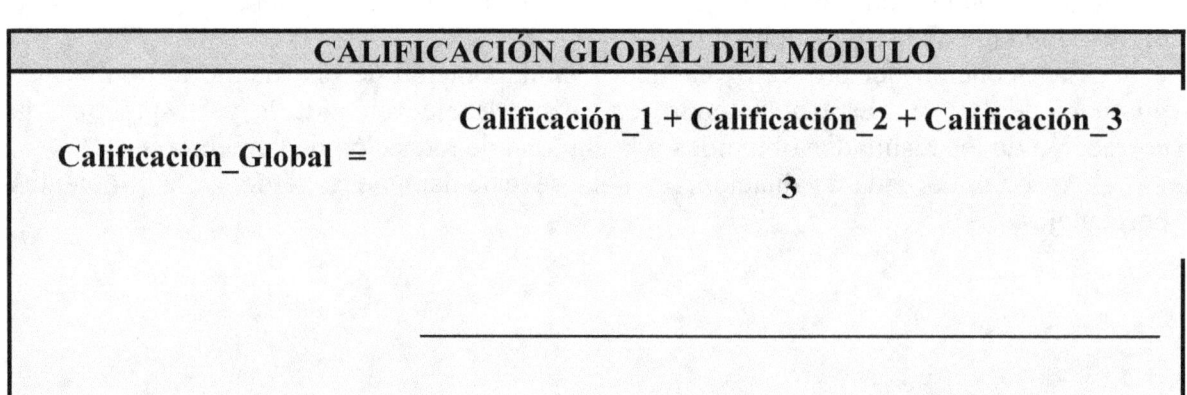

$$\text{Calificación\_Global} = \frac{\text{Calificación\_1} + \text{Calificación\_2} + \text{Calificación\_3}}{3}$$

- Con una calificación global del módulo inferior a 5 en la evaluación ordinaria o extraordinaria, el alumno no ha alcanzado los conocimientos mínimos y deberá repetir el módulo profesional.
- Un alumno que no supere este módulo podría pasar a segundo curso con la asignatura pendiente, si el equipo educativo así lo decidiera (ver Anexo V).

## Atención a alumnos con necesidades educativas específicas de apoyo educativo

Según la Ley Orgánica 2/2006 de 3 de mayo, dentro del alumnado con necesidades educativas específicas cabe distinguir:

| ALUMNOS CON NECESIDADES ESPECÍFICAS DE APOYO EDUCATIVO |
|---|
| - Alumnado que presenta ***necesidades educativas especiales***. Se trata de alumnos que por un periodo de su escolarización o a lo largo de toda ella, requieren determinados apoyos y atenciones educativas específicas derivadas de discapacidad o trastornos graves de conducta.<br>- Alumnado con ***altas capacidades intelectuales***.<br>- Alumnos con ***integración tardía en el sistema educativo*** español, por proceder de otros países o por otros motivos. |

Una de las prioridades del Sistema Educativo, y de la Formación Profesional en particular, es la integración social y laboral de los individuos o grupos desfavorecidos. Y para ello se deben adaptar las ofertas formativas a las necesidades específicas de los jóvenes con fracaso escolar, discapacitados y en general personas con riesgo de exclusión social. A este fin se dispone de multitud de estrategias, como las adaptaciones curriculares individuales (ACIs), programas de inmersión, distribución equilibrada de los distintos grupos de alumnos, etc.

La adaptación curricular individual (ACI) no supondrá en ningún caso la desaparición de los objetivos relacionados con la competencia profesional característica de cada título. No obstante, el alumno con necesidades educativas específicas podrá cursar algunos de los módulos profesionales del ciclo formativo que sean más acordes con sus características personales y en los que pueda alcanzar un nivel suficiente para asegurar la adquisición de las capacidades terminales de dichos módulos. En su caso se expediría el certificado correspondiente a dichas capacidades y sus correspondientes unidades de competencia.

Las actividades de enseñanza-aprendizaje que se utilizarán con alumnos con necesidades educativas específicas serán generalmente de recuperación y refuerzo y actividades de ampliación. Se adaptarán los contenidos de dichas actividades a las capacidades cognitivas y procedimentales de los alumnos, pero siempre bajo la supervisión del Departamento de Orientación, que será quien en última instancia establecerá las medidas necesarias para lograr la integración del alumnado con necesidades educativas específicas.

Encarnación Peris Sanchis

# Conclusiones

Esta programación didáctica se ha intentado adecuar al máximo a la realidad de un Instituto. Sin embargo, se debe recordar que es una programación ideal y por tanto se deberá revisar, modificar y concretar, en todos los aspectos necesarios que surjan a la llegada al Centro y dependiendo de sus características. Las actividades variarán según los recursos disponibles, espacios, entorno productivo y según el alumnado. Deberemos tener en cuenta sobre todo que debemos proporcionar una formación integral y armónica de los alumnos, tanto en el plano profesional como en el personal, así como infundir ilusión y espíritu de trabajo a los alumnos.

Encarnación Peris Sanchis

# Bibliografía

| **LIBROS** |
|---|
| - M. F. ASHBY, *"Materials selection in mechanical design"*, 2ª Edición (2004).<br>- S. GÓMEZ GONZÁLEZ, *"Materiales en fabricación mecánica"*, Ceysa, 1ª Edición (2006).<br>- S. GÓMEZ GONZÁLEZ, *"Control de calidad en fabricación mecánica"*, Ceysa, 1ª Edición (2002).<br>- R. L. MOTT, *"Diseño de elementos de máquinas"*, Prentice Hall, 4ª Edición (2006).<br>- F. SILVA, *"Tecnología Industrial I"*, McGraw Hill, 1ª Edición (2004).<br>- S. VAL, J. A. GONZÁLEZ, J.IBÁÑEZ, J. L. HUERTAS, F. TORRES, *"Tecnología Industrial II"*, McGraw Hill, 1ª Edición (2005).<br>- *"Producción por mecanizado"*, Secretaría general de educación y formación profesional, Anele (2000).<br>- Apuntes de Ingeniería Química de la ETSII de la Universidad Politécnica de Valencia.<br>- Temario para oposiciones de Organización y Proyectos en Fabricación Mecánica de la academia CEDE. |
| **SITIOS DE INTERNET** |
| *Bases de datos de materiales*<br>    - AZom.com (los materiales de la A a la Z): www.azom.com<br>    - Matweb: www.matweb.com<br>*Normas de propiedades*<br>    - American Iron and Steel Institute (AISI): www.steel.org<br>    - ASTM International: www.astm.org |

Encarnación Peris Sanchis

Materiales empleados en fabricación mecánica

# Desarrollo de las unidades didácticas

Se desarrollan a continuación las unidades didácticas, especificando para cada una de ellas los objetivos, contenidos, actividades de enseñanza y aprendizaje y procedimientos de evaluación. Para cada actividad programada se indica entre paréntesis el tipo al que pertenece (sección 4.2) y a quien va dirigida o quien debe realizarla (clase entera, individual o grupo de alumnos).

## UD 1. Clasificación y propiedades de los materiales
### Duración: 7 horas

**A) OBJETIVOS DE APRENDIZAJE**

- Conocer la clasificación de los diferentes tipos de materiales usados en fabricación mecánica y sus características principales.
- Estudiar y clasificar las propiedades de los materiales más relevantes para su uso en fabricación mecánica: propiedades fisicoquímicas, mecánicas y tecnológicas, y los distintos tipos de ensayos existentes para determinarlas.

**B) CONTENIDOS**

**CONTENIDOS CONCEPTUALES**

- Clasificación de los materiales: Materiales metálicos, plásticos, cerámicos y compuestos
- Propiedades de los materiales
  - Propiedades fisicoquímicas: Densidad, conductividad eléctrica, superconductividad, dilatación, punto de fusión, calor específico, resistencia a la corrosión-oxidación
  - Propiedades mecánicas:
    - Resistencia
    - Resistencia a la fluencia. Ensayo de fluencia a T=cte y tensión variable y Ensayo de fluencia a $\sigma$ = cte y temperatura variable
    - Resistencia a la fractura
    - Dureza: Ensayos de rayado (Dureza de Mohs, ensayo de la lima, Martens y Turner), Ensayos de penetración (Ensayos Brinell, Rockwell, Vickers, Knoop, Shore, ensayo de dureza al rebote)
    - Resistencia a la tracción: Ensayo de tracción
    - Elasticidad, límite elástico y módulo elástico
    - Plasticidad
    - Tenacidad
    - Fragilidad
    - Resiliencia: Ensayo Charpy y Ensayo Izod
    - Fatiga: Ensayo de fatiga
  - Propiedades tecnológicas: Ductilidad, Colabilidad, Soldabilidad, maquinabilidad

## CONTENIDOS PROCEDIMENTALES

- Elección de materiales adecuados para la realización de un proyecto técnico en función de sus características
- Elección del método de ensayo de dureza más adecuado, en función del tipo de material
- Cálculo de la dureza de un material a partir de datos cuantitativos obtenidos mediante diferentes ensayos
- Análisis de un diagrama de tracción: determinación de la elasticidad, plasticidad, tenacidad y ductilidad de un material.
- Cálculo de la resiliencia de un material a partir de datos cuantitativos obtenidos a partir de un ensayo de Charpy

## CONTENIDOS ACTITUDINALES

- Interés por conocer los principios científicos en los que se fundamentan los ensayos sobre materiales
- Respeto por las convenciones y normas internacionales sobre normalización y unidades de medida.
- Reconocimiento de la necesidad de profundizar en el análisis de las propiedades de un material antes de seleccionarlo para una función concreta
- Observación, constancia, responsabilidad y respeto a las normas de seguridad y autocrítica en el trabajo individual.
- *Educación ambiental (TEMA TRANSVERSAL)*: Previsión y prevención de los efectos ambientales de las actividades industriales.
- *Educación para la salud (TEMA TRANSVERSAL)*: Respeto por las normas de uso de las máquinas empleadas en los ensayos sobre materiales

## C) ACTIVIDADES DE ENSEÑANZA Y APRENDIZAJE

### ACTIVIDAD PROGRAMADA

**A1 (PM, *Clase*)**- Presentación y desarrollo de los contenidos conceptuales de la UD por parte del profesor

**A2 (AE, *Clase*)**- Se ha realizado un ensayo Brinell con un penetrador de diámetro D = 10 mm. Sabiendo que el material ensayado tiene una constante de ensayo K = 10, el diámetro de la huella obtenido es de d= 1.78 mm y el tiempo de ensayo 15 segundos, determinar la dureza Brinell del material.

**A3 (CC, *Individual*)**- En un ensayo Brinell se ha aplicado una carga de 3000 Kp. El diámetro de la bola del penetrador es de 10 mm. El diámetro de la huella es de 4.5 mm, y el tiempo de aplicación 15 s. Se pide el valor de la dureza Brinell y su expresión normalizada. Indicar la carga que habría que aplicar a una probeta del mismo material si se quiere reducir la dimensión de la bola del penetrador a 5 mm. Indicar el tamaño de la huella que se obtendría en este caso.

**A4 (AE, *Clase*)**- Se ha realizado un ensayo de tracción a una probeta de $D_0$ = 13.8 mm y longitud entre puntos $L_0$ = 100 mm. Se han obtenido los siguientes resultados:

| F(N)  | 5000  | 7500  | 10000 | 12500 | 15000 | 17500 | 20000 |
|-------|-------|-------|-------|-------|-------|-------|-------|
| L(mm) | 0.041 | 0.062 | 0.083 | 0.103 | 0.126 | 0.148 | 0.169 |

Representar el diagrama de Fuerza-Alargamiento y calcular el módulo medio del módulo de Young.

**A5 (CC, *Individual*)**- Una probeta de acero de diámetro inicial $D_0 = 10.7$ mm y longitud entre puntos $L_0 = 55$ mm es sometida a un ensayo de tracción. Los datos obtenidos se muestran en la tabla.

| F (N) | L (mm) | F (N) | L (mm) | F (N) | L (mm) |
|---|---|---|---|---|---|
| 4450 | 0.050 | 30260 | 0.240 | 44500 | 2.920 |
| 13350 | 0.105 | 30700 | 0.300 | 49800 | 4.100 |
| 22500 | 0.150 | 31150 | 0.426 | 51800 | 5.000 |
| 26700 | 0.200 | 33800 | 0.810 | 52500 | 5.480 |
| 28700 | 0.220 | 40950 | 2.160 | 47500 | Rotura |

a) Representa el diagrama Fuerza-Alargamiento e indicar la zona elástica, zona plástica, tensión máxima y tensión de rotura. b) Determina la tensión máxima y la tensión en el momento de rotura e indicar a qué puntos del diagrama corresponde. c) Calcula la estricción y los alargamientos porcentuales. d) Determina el módulo de elasticidad. e) Estima el límite elástico ingenieril que supone una deformación del 0.2%. DATOS: Diámetro mínimo = 9.65 mm; Alargamiento promedio = 6.8 mm.

**A6 (AE, *Clase*)**- En un ensayo Charpy se deja caer una maza de 25 Kg desde una altura de 1 m sobre una probeta de 80 mm$^2$ de sección y, después de romperla, el martillo se eleva hasta una altura de 40 cm. Calcular la energía empleada en la rotura y la resiliencia del material.

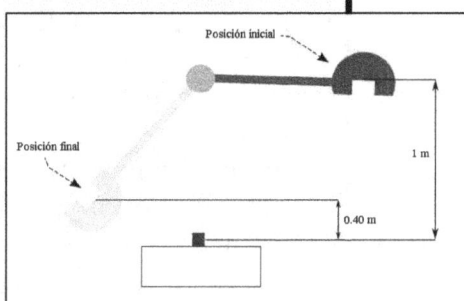

**A7 (AA, *Individual*)**- Realiza un ensayo de fatiga simple utilizando un trozo de hilo de cobre de un conductor eléctrico (ni muy grueso ni muy delgado). Realiza doblados sucesivos. ¿Al cabo de cuántos doblados se rompe? En caso de no romperlo, ¿cómo notas el material a medida que se acerca a la rotura? Ayúdate de una regla o una marca para alcanzar siempre una deformación aproximada.

## D) PROCEDIMIENTOS DE EVALUACIÓN

### EVALUACIÓN CONTÍNUA

| Contenidos | Objetos de evaluación | Criterios de Calificación | Técnicas/ Instrumentos |
|---|---|---|---|
| Conceptuales y procedimentales | Actividad 3 | Resolver correctamente los cálculos numéricos de la actividad. | Observación indirecta/ Ficha del alumno |
| | Actividad 5 | Representar gráficamente los datos numéricos y resolver adecuadamente los cálculos. | |
| | Actividad 7 | Elaborar un informe con los resultados obtenidos y exponer adecuadamente las conclusiones | |
| Actitudinales | Actitud en el aula | Interés, participación y curiosidad en el aula | Observación directa/Ficha del alumno (reverso) |
| | Asistencia | Asistencia continuada y puntualidad | |

| EVALUACIÓN FINAL Y SUMATIVA |
|---|
| La calificación de los contenidos de esta unidad se evaluarán conjuntamente con los contenidos evaluados en las restantes unidades del trimestre |

## UD 2. Estructura atómica y cristalina
### Duración: 7 horas

### A) OBJETIVOS DE APRENDIZAJE

- Relacionar la estructura atómica y cristalina con las propiedades fisicoquímicas, mecánicas y tecnológicas de los materiales
- Identificar los principales defectos en las estructuras cristalinas
- Conocer los diferentes procedimientos metalográficos en la determinación del tamaño de grano y su influencia en las propiedades mecánicas

### B) CONTENIDOS

### CONTENIDOS CONCEPTUALES

- Estructura atómica: Núcleo, corteza, orbitales, Número atómico, masa atómica, masa molecular, concepto de mol.
- Sistema periódico: Bloques de elementos s, p y d, propiedades periódicas: radio atómico ($r_a$), potencial de ionización (PI), afinidad electrónica (AE), electronegatividad (EN).
- Enlace químico: Enlace covalente, Enlace iónico, Enlace metálico, Enlaces débiles: enlace de hidrógeno y de Van der Vaals
- Estructura cristalina: Celda unidad. Número de coordinación. Factor de empaquetamiento. Estructura cúbica centrada en el cuerpo (BCC). Estructura cúbica centrada en las caras (FCC). Estructura hexagonal compacta (HC). Polimorfismo y alotropía.
- Defectos en las estructuras cristalinas:
    o Defectos puntuales: vacantes, intersticio, sustitucional, de Frenkel.
    o Defectos de línea o dislocación: de borde, helicoidal, mixta.
    o Deformación plástica y movimiento de dislocaciones.
    o Defectos de superficie: frontera de grano y superficie de material.
- Materiales policristalinos: Núcleos de cristalización y crecimiento cristalino dendrítico. Métodos de determinación del tamaño de grano: por comparación, por recuento directo, método de las intersecciones o de *Heyn*.

### CONTENIDOS PROCEDIMENTALES

- Determinación de la configuración electrónica y la pertenencia al bloque s, p ó d.
- Interpretación del sistema periódico y predicción de la situación y propiedades periódicas de elementos químicos
- Utilización de la regla del octeto para comprender la estructura de moléculas con enlace covalente.
- Determinación del tamaño de grano mediante diferentes métodos a partir de micrografías de metales.

### CONTENIDOS ACTITUDINALES

- Interés por conocer cómo están hechos los materiales a escala atómica y cómo, a partir de ahí, podemos entender sus propiedades.
- Observación, constancia, responsabilidad y respeto a las normas de seguridad y autocrítica en el trabajo individual.

Materiales empleados en fabricación mecánica

| C) ACTIVIDADES DE ENSEÑANZA Y APRENDIZAJE |
|---|
| **ACTIVIDAD PROGRAMADA** |
| **A1 (PM, *Clase*)**- Presentación y desarrollo de los contenidos conceptuales de la UD por parte del profesor. |
| **A2 (AE, *Clase*)**- Determinar la configuración electrónica de los elementos de número atómico: 8, 29, 55. Indica a qué bloque de elementos pertenece cada uno de ellos y ordénalos de mayor a menor en función de su electronegatividad, afinidad electrónica, potencial de ionización y radio atómico. |
| **A3 (CC, *Individual*)**- Escribe la representación de Lewis de las siguientes moléculas: $Cl_2$, $O_2$, $N_2$, $NH_3$, $H_2SO_4$. |
| **A4 (AE, *Clase*)**- Calcula la densidad real de un cilindro de cromo (BCC) de radio 3 cm, altura 5 cm y peso 1 kg. Compara la densidad real obtenida con la teórica.<br>DATOS: $M_{(Cr)}$ = 52 g/mol, $R_{(Cr)}$ = 0.125 nm. |
| **A5 (CC, *Individual*)**- El vanadio a temperatura ambiente tiene una estructura BCC. Sabiendo que su parámetro de red es a = 3.0278 Å y que el peso atómico del vanadio es de 50.941 g/mol, calcula: a) masa de un átomo de vanadio, b) densidad del vanadio, c) radio atómico, d) volumen atómico, e) número de átomos por $m^3$, f) número de átomos por gramo, g) número de moles por $m^3$, h) masa de una celda unitaria, i) número de celdas unitarias existentes en 1 g de vanadio, y j) volumen de la celda unitaria. |
| **A6 (AE, *Clase*)**- En una micrografía realizada a 150 aumentos se han contado 35 granos enteros y 28 granos cortados dentro de un círculo de diámetro 79.8 mm. Determinar el número de granos por $mm^2$, el diámetro medio de un grano y el área media. |
| **A7 (CC, *Individual*)**- Determina el número de granos, el diámetro medio y el área media de grano de las siguientes micrografías tomadas a 120 aumentos, utilizando para ello el método de recuento directo y el método de las intersecciones de Heyn.  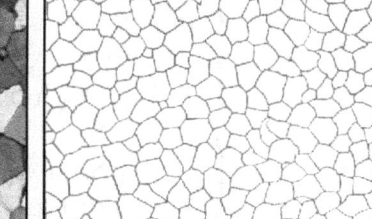 |
| **A8 (Ev, *Individual*)**- Prueba objetiva escrita sobre los contenidos desarrollados en las UDs 1 y 2. |

| D) PROCEDIMIENTOS DE EVALUACIÓN |
|---|
| **EVALUACIÓN CONTÍNUA** |

| Contenidos | Objetos de evaluación | Criterios de Calificación | Técnicas/ Instrumentos |
|---|---|---|---|
| Conceptuales y procedimentales | Actividad 3 | Representar correctamente las moléculas indicadas. | Observación indirecta/ Ficha del alumno |
| | Actividad 5 | Resolver adecuadamente los cálculos necesarios. | |
| | Actividad 7 | Realizar correctamente el recuento de granos mediante los dos métodos y resolver los cálculos numéricos | |

| | Actitud en el aula | Interés, participación y curiosidad en el aula | Observación directa/Ficha del alumno (reverso) |
|---|---|---|---|
| Actitudinales | | | |
| | Asistencia | Asistencia continuada y puntualidad | |

**EVALUACIÓN FINAL Y SUMATIVA**

La calificación de los contenidos de esta unidad se evaluarán conjuntamente con los contenidos evaluados en las restantes unidades del trimestre

## UD 3. Diagramas de equilibrio y diagrama Fe-C
### Duración: 7 horas

**A) OBJETIVOS DE APRENDIZAJE**

- Identificar los principales factores que influyen en las transformaciones metalúrgicas a partir de un determinado diagrama de equilibrio
- Identificar los constituyentes, su concentración y la calidad metalúrgica de una aleación de Fe-C, de acuerdo con las características del producto final y las diferentes temperaturas de transformación
- Identificar las estructuras granulares observables por medios metalográficos a partir del proceso de solidificación de un metal

**B) CONTENIDOS**

**CONTENIDOS CONCEPTUALES**

- Aleación. Soluciones sólidas substitucionales y soluciones sólidas intersticiales.
- Diagramas de fases. Regla de las fases de Gibbs. Solubilidad ilimitada y solubilidad limitada.
- Diagramas de equilibrio:
    o Insolubilidad total en estado líquido y sólido
    o Solubilidad parcial en estado líquido
    o Solubilidad total en líquido y en sólido
    o Insolubilidad total en estado sólido
    o Insolubilidad parcial en estado sólido
    o Diagrama eutectoide
- Microestructuras de los aceros
    o Estados alotrópicos del hierro
    o Constituyentes de los aceros: Ferrita, cementita, perlita, troosita, martensita, bainita, austenita, sorbita, ledeburita, grafito.
    o Diagrama Fe-C

    o Procesos de solidificación: Acero hipoeutectoide, acero eutectoide, acero hipereutectoide, fundición hipoeutéctica, fundición eutéctica, fundición hipereutéctica

Materiales empleados en fabricación mecánica

| CONTENIDOS PROCEDIMENTALES |
|---|
| - Análisis de un diagrama de fases.<br>- Análisis del Diagrama de equilibrio y deducción del enfriamiento en equilibrio de mezclas.<br>- Análisis del diagrama Fe-C: identificación de los puntos notables, líneas y fases existentes.<br>- Identificación de los constituyentes de aceros y análisis de sus microestructuras. |
| **CONTENIDOS ACTITUDINALES** |
| - Observación, constancia, responsabilidad y respeto a las normas de seguridad y autocrítica en el trabajo individual.<br>- Voluntad de diálogo e intercanvios críticos. Capacidad de llegar a acuerdos y de llevarlos a cabo en colaboración.<br>- *Educación ambiental (TEMA TRANSVERSAL)*: Previsión y prevención de los efectos ambientales de las actividades industriales. |
| **C) ACTIVIDADES DE ENSEÑANZA Y APRENDIZAJE** |
| **ACTIVIDAD PROGRAMADA** |

**A1 (PM, *Clase*)-** Presentación y desarrollo de los contenidos conceptuales de la UD por parte del profesor.

**A2 (AE, *Clase*)-** Describe el enfriamiento de una aleación Cu-Ni con un 40% de níquel y un 60% de cobre.

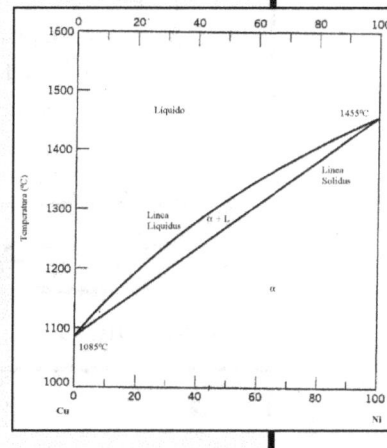

**A3 (CC, *Individual*)-** Observa el siguiente diagrama de fases de la aleación Pb-Sn y responde a las siguientes cuestiones:

a) En una aleación de composición 40% Sn, ¿cuál es la variación de temperatura mientras dura el proceso de solidificación?. b) ¿Cuál es la composición de la aleación de punto de fusión más bajo?. ¿Qué nombre recibe?. ¿Qué sucede con la temperatura durante el proceso de solidificación de esta aleación?. c) Calcula el número de fases y su composición para una aleación 35% Sn a las temperaturas de 150°y 250°C.

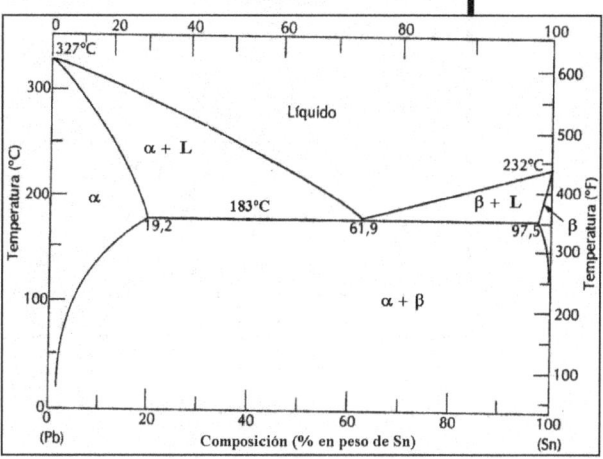

**A4 (CC, *Individual*)**- Usando el diagrama de fases Cu-Ni visto en la actividad **A2**, responde a las siguientes cuestiones:

a) ¿Cuál es la temperatura de inicio y fin del proceso de solidificación para las siguientes composiciones?: 20% Cu; 50% Cu; 20% Ni.

b) ¿Cuál es la temperatura mínima a la que encontraremos la aleación en estado líquido para cualquier composición?

c) ¿A partir de qué tanto por ciento de cobre una aleación estaría totalmente líquida a 1300°C? ¿Y sólida?

d) Calcula el número de fases, composición de cada una y cantidades relativas en cada fase para una aleación del 50% de cobre a 1280°C.

**A5 (AE, *Clase*)**- Utilizando el diagrama Fe-C, responde a las siguientes cuestiones:

a) Determina la proporción de ferrita y cementita que hay en la perlita a temperatura ambiente.

b) Determina la proporción de ferrita total y cementita en la pseudos-ledeburita a temperatura ambiente.

c) Determina la proporción de ferrita total y cementita en un acero hipoeutectoide de 0.5% de C a temperatura ambiente.

**A6 (CC, *Grupo de 4*)**- Utilizando el diagrama Fe-C, responde a las siguientes cuestiones:

a) Determina la proporción de ferrita hipoeutectoide y perlita en un acero hipoeutectoide de 0.5% de C a temperatura ambiente.

b) Determina la proporción de cementita primaria y ledeburita en una fundición del 4.5% de C a 1145°C.

c) Determina la cantidad de perlita presente en una aleación hipoeutectoide del 0.4% de C que se ha enfriado desde los 900° hasta los 72°C.

d) ¿Qué porcentaje de carbono tiene un acero hipoeutectoide con un 45.2% de ferrita eutectoide a temperatura ambiente.

## D) PROCEDIMIENTOS DE EVALUACIÓN

### EVALUACIÓN CONTÍNUA

| Contenidos | Objetos de evaluación | Criterios de Calificación | Técnicas/ Instrumentos |
|---|---|---|---|
| Conceptuales y procedimentales | Actividad 3 | Interpretar correctamente el diagrama de fases | Observación indirecta/ Ficha del alumno |
| | Actividad 4 | Interpretar correctamente el diagrama de fases | |
| | Actividad 6 | Reconocer las distintas zonas del diagrama Fe-C y resolver adecuadamente las operaciones necesarias. Trabajo en grupo. | |
| Actitudinales | Actitud en el aula | Interés, participación y curiosidad en el aula | Observación directa/Ficha del alumno (reverso) |
| | Asistencia | Asistencia continuada y puntualidad | |

### EVALUACIÓN FINAL Y SUMATIVA

Materiales empleados en fabricación mecánica

| |
|---|
| La calificación de los contenidos de esta unidad se evaluarán conjuntamente con los contenidos evaluados en las restantes unidades del trimestre |

## UD 4. Diagramas TTT/TEC y tratamientos térmicos
### Duración: 8 horas

**A) OBJETIVOS DE APRENDIZAJE**

- Conocer el uso de diagramas TTT y TEC en los procesos de transformación de la austenita
- Relacionar las características fisicoquímicas y tecnológicas de una pieza tratada con las transformaciones que se producen durante un tratamiento térmico

**B) CONTENIDOS**

**CONTENIDOS CONCEPTUALES**

- Curvas tiempo, temperatura y transformación (TTT)
    - Constituyentes de la transformación isotérmica de la austenita
    - Modificación de la posición y forma de las curvas TTT: Composición química del acero, tamaño de grano austenítico, segregación química.
- Templabilidad o penetración del temple
    - Ensayo Jominy
    - Determinación de la templabilidad mediante curvas de dureza
- Tratamientos térmicos de los aceros
    - Ciclo térmico
    - Tratamientos térmicos subcríticos: Revenido, recocido de eliminación de tensiones, recocido de globulización, recocido de recristalización o contra acritud, normalizado.
    - Temple: Transformación martensítica, factores que afectan al temple, tipos de temple, austenización completa, austenización incompleta, temple interrumpido, temple isotérmico (martempering y austempering)
    - Tratamientos termomecánicos: Tratamientos en frío, tratamientos en caliente, ausforming

**CONTENIDOS PROCEDIMENTALES**

- Análisis e interpretación de los diagramas Temperatura-Tiempo-Transformación.
- Análisis de la curvas de enfriamiento continuo de la austenita y predicción de los constituyentes obtenidos en la transformación.
- Comprensión de los ciclos térmicos y su relación con los diagramas TTT.
- Determinación del tipo de tratamiento térmico más adecuado en función de las fases finales del acero deseadas.

**CONTENIDOS ACTITUDINALES**

- Observación, constancia, responsabilidad y respeto a las normas de seguridad y autocrítica en el trabajo individual.
- Respeto por las convenciones y normas internacionales sobre normalización.
- *Educación ambiental (TEMA TRANSVERSAL)*: Previsión y prevención de los efectos ambientales de las actividades industriales.

**C) ACTIVIDADES DE ENSEÑANZA Y APRENDIZAJE**

**ACTIVIDAD PROGRAMADA**

**A1 (PM, *Clase*)**- Presentación y desarrollo de los contenidos conceptuales de la UD por parte del profesor.

**A2 (AE, *Clase*)**- Determinar sobre el gráfico TTT los siguientes enfriamientos para un acero.

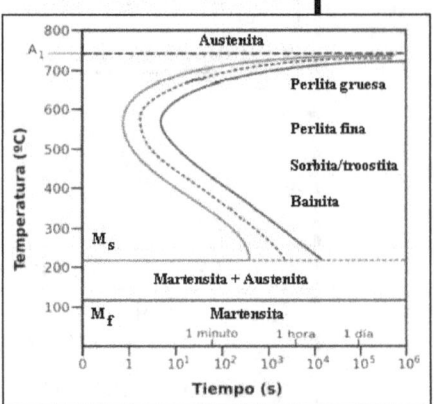

a) Enfriamiento rápido desde el estado austenítico hasta 450°C, mantenimiento isotérmico a 450°C durante 10 s y enfriamiento rápido hasta temperatura ambiente.

b) Enfriamiento rápido desde el estado austenítico hasta 300°C, mantenimiento isotérmico a 300°C durante 1 h.

**A3 (CC, *Individual*)**- Determinar sobre el gráfico anterior los siguientes enfriamientos para un acero inicialmente en estado austenítico e indicar de forma cualitativa los constituyentes obtenidos en la transformación. a) Temple con agua hasta temperatura ambiente. b) Enfriamiento rápido hasta los 650°C y mantenimiento durante 10 s. Posterior enfriamiento rápido hasta temperatura ambiente.

c) Enfriamiento rápido hasta los 375°C y mantenimiento durante 100 s. Posterior enfriamiento rápido hasta temperatura ambiente.

**A4 (CC, *Individual*)**- Responde a las siguientes cuestiones sobre los tratamientos térmicos de un acero: a) Realiza un esquema con los principales tipos de tratamientos térmicos a los que se puede someter un acero. b) Describe los distintos tipos de recocidos. c) ¿Qué diferencias hay entre el normalizado y el recocido? d) Representa las curvas Jominy para un acero de alta y otro de baja templacidad con el mismo porcentaje de carbono. e) Indica las diferencias entre el autempering y el martempering.

**A5 (Ev, *Individual*)**- Prueba objetiva escrita sobre los contenidos desarrollados en las UDs 3 y 4.

## D) PROCEDIMIENTOS DE EVALUACIÓN

### EVALUACIÓN CONTÍNUA

| Contenidos | Objetos de evaluación | Criterios de Calificación | Técnicas/ Instrumentos |
|---|---|---|---|
| Conceptuales y procedimentales | Actividad 3 | Interpretar correctamente las transfor-maciones térmicas que tienen lugar | Observación indirecta/ Ficha del alumno |
| | Actividad 4 | Expresarse correctamente y ser claro y conciso en las explicaciones | |
| Actitudinales | Actitud en el aula | Interés, participación y curiosidad en el aula | Observación directa/Ficha del alumno (reverso) |
| | Asistencia | Asistencia continuada y puntualidad | |

### EVALUACIÓN FINAL Y SUMATIVA

La calificación de las actividades evaluadas en esta unidad didáctica, junto con las demás evaluadas en las restantes UDs del trimestre, constituirán el 15% de la nota de la 1ª evaluación. Otro 60% de la nota lo constituirá la media de las notas obtenidas en las dos pruebas objetivas realizadas durante el trimestre, y un 15% de la calificación de la memoria del proyecto práctico. El 10% restante de la nota de la 1ª evaluación se

Materiales empleados en fabricación mecánica

obtendrá de las notas de los contenidos actitudinales calificados a lo largo del trimestre

## UD 5. Introducción a los tratamientos superficiales
Duración: 5 horas

### A) OBJETIVOS DE APRENDIZAJE

- Relacionar los diferentes tipos de tratamientos superficiales con las propiedades deseadas en cada caso
- Establecer el tratamiento superficial más adecuado para la aplicación deseada
- Conocer los tratamientos superficiales modernos
- Conocer cómo varía la superficie con los tratamientos superficiales y las propiedades conseguidas

### B) CONTENIDOS

### CONTENIDOS CONCEPTUALES

- Introducción a los tratamientos de superficie: tipos y finalidad
- Tipos de tratamientos superficiales:
    o Endurecimiento por deformación plástica (en frío y en caliente)
    o Deformación plástica superficial (*shot peening*)
    o Tratamientos térmicos superficiales: Temple por inducción y Temple a la llama
    o Tratamientos superficiales modernos:
        - CVD (*Chemical Vapor Deposition*)
        - PVD (*Physical Vapor Deposition*)
        - Proyección térmica de alta velocidad
        - Proyección por plasma
        - Tratamiento superficial con láser
        - Bombardeo iónico
        Nanorecubrimientos
    o Introducción a los recubrimientos superficiales
    o Introducción a los tratamientos termoquímicos
- Detección y evaluación de defectos de piezas tratadas.

### CONTENIDOS PROCEDIMENTALES

- Determinación del tipo de tratamiento superficial más adecuado en función de las propiedades deseadas.

### CONTENIDOS ACTITUDINALES

- Observación, constancia, responsabilidad y respeto a las normas de seguridad y autocrítica en el trabajo individual.
- *Educación del consumidor (TEMA TRANSVERSAL)*: Concienciación de que una buena protección de la superficie de los materiales usando tratamientos superficiales adecuados los hace más duraderos y contribuye al ahorro de recursos.
- *Educación ambiental (TEMA TRANSVERSAL)*: Previsión y prevención de los efectos ambientales de las actividades industriales.

### C) ACTIVIDADES DE ENSEÑANZA Y APRENDIZAJE

### ACTIVIDAD PROGRAMADA

**A1 (PM, *Clase*)**- Presentación y desarrollo de los contenidos conceptuales de la UD por parte del profesor.

**A2 (CC, *Individual*)**- Construye un esquema con los principales tratamientos superficiales.

**A3 (AE, *Clase*)**- Determina las propiedades mecánicas (resistencia a la tracción, esfuerzo de fluencia y porcentaje de elongación) de una barra cilíndrica de aluminio que en una deformación en frío ha sufrido una reducción de diámetro de 15 a 12 mm. Utiliza para ello el siguiente gráfico:

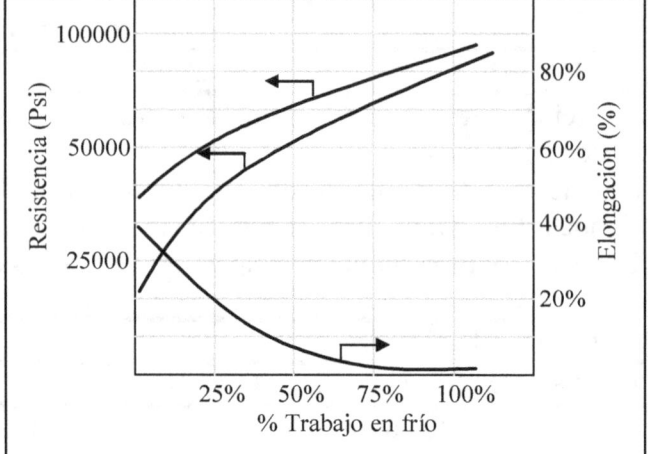

**A4 (CC, *Individual*)**- Usando el diagrama anterior, determina las propiedades mecánicas de una barra cilíndrica de aluminio que en su deformación plástica en frío sufre una reducción en su sección, pasando de diámetro 20 a 15 mm.

**A5 (CC, *Individual*)**- ¿En qué consiste el granallado de pretensión o *shot peening*? ¿Qué beneficios presenta la superficie granallada? Indica aplicaciones de shot peening en la mejora del número de ciclos de fatiga.

**A6 (AE, *Clase*)**- Indica las ventajas e inconvenientes que presenta el temple a la llama frente al temple por inducción

### D) PROCEDIMIENTOS DE EVALUACIÓN

#### EVALUACIÓN CONTÍNUA

| Contenidos | Objetos de evaluación | Criterios de Calificación | Técnicas/ Instrumentos |
|---|---|---|---|
| Conceptuales y procedimentales | Actividad 2 | Claridad y orden del esquema realizado | Observación indirecta/ Ficha del alumno |
| | Actividad 4 | Realización de los cálculos y utilización del gráfico de forma correcta | |
| | Actividad 5 | Claridad en la explicación de las cuestiones planteadas | |
| Actitudinales | Actitud en el aula | Interés, participación y curiosidad en el aula | Observación directa/Ficha del alumno (reverso) |
| | Asistencia | Asistencia continuada y puntualidad | |

#### EVALUACIÓN FINAL Y SUMATIVA

La calificación de los contenidos de esta unidad se evaluarán conjuntamente con los contenidos evaluados en las restantes UDs del trimestre

Materiales empleados en fabricación mecánica

| UD 6. Recubrimientos superficiales |
|---|
| Duración: 5 horas |
| **A) OBJETIVOS DE APRENDIZAJE** |
| - Relacionar los diferentes tipos de recubrimientos superficiales con las propiedades deseadas en cada caso<br>- Establecer el recubrimiento superficial más adecuado para la aplicación deseada<br>- Conocer cómo varía la superficie con los recubrimientos superficiales y las propiedades conseguidas |
| **B) CONTENIDOS** |
| **CONTENIDOS CONCEPTUALES** |
| - Preparación de las superficies para su recubrimiento: Desengrasado y decapado, Arenado, Shot peening o granallado<br>- Recubrimientos por conversión:<br>   o Anodizado<br>   o Pavonado<br>   o Fosfatado<br>   o Cromatado<br>- Recubrimientos por inmersión<br>   o Galvanizado<br>   o Estañado<br>   o Emplomado<br>   Aluminizado<br>- Recubrimientos electrolíticos<br>   o Cincado<br>   o Niquelado<br>   o Cromado<br>   o Cromado duro<br>   o Cobreado<br>Recubrimiento por metalación<br>Detección y evaluación de defectos de piezas tratadas. |
| **CONTENIDOS PROCEDIMENTALES** |
| - Determinación del tipo de recubrimiento superficial más adecuado en función de las propiedades deseadas. |
| **CONTENIDOS ACTITUDINALES** |
| - Observación, constancia, responsabilidad y respeto a las normas de seguridad y autocrítica en el trabajo individual.<br>- *Educación del consumidor (TEMA TRANSVERSAL)*: Concienciación de que una buena protección de la superficie de los materiales usando tratamientos superficiales adecuados los hace más duraderos y contribuye al ahorro de recursos.<br>- *Educación ambiental (TEMA TRANSVERSAL)*: Previsión y prevención de los efectos ambientales de las actividades industriales. |
| **C) ACTIVIDADES DE ENSEÑANZA Y APRENDIZAJE** |
| **ACTIVIDAD PROGRAMADA** |
| **A1 (PM, *Clase*)**- Presentación y desarrollo de los contenidos conceptuales de la UD por parte del profesor. |

| | |
|---|---|
| **A2 (CC, *Individual*)**- ¿Qué operaciones pueden realizarse en la preparación previa de superficies antes de ser tratadas mediante recubrimientos metálicos o no metálicos? |
| **A3 (CC, *Individual*)**- ¿En qué consisten los procedimientos de conversión de superficies? Ventajas genéricas de su aplicación. Realizar un cuadro resumen para los tratamientos de anodizado, pavonado, fosfatado y cromatado. |
| **A4 (CC, *Individual*)**- ¿Qué diferencias presentan las capas obtenidas por cromado y cromado duro? ¿A qué se deben esas diferencias? |

**D) PROCEDIMIENTOS DE EVALUACIÓN**

**EVALUACIÓN CONTÍNUA**

| Contenidos | Objetos de evaluación | Criterios de Calificación | Técnicas/ Instrumentos |
|---|---|---|---|
| Conceptuales y procedimentales | Actividad 2 | Claridad en la exposición de los contenidos | Observación indirecta/ Ficha del alumno |
| | Actividad 3 | Claridad en la exposición de los contenidos | |
| | Actividad 4 | Claridad en la exposición de los contenidos | |
| Actitudinales | Actitud en el aula | Interés, participación y curiosidad en el aula | Observación directa/Ficha del alumno (reverso) |
| | Asistencia | Asistencia continuada y puntualidad | |

**EVALUACIÓN FINAL Y SUMATIVA**

La calificación de los contenidos de esta unidad se evaluarán conjuntamente con los contenidos evaluados en las restantes UDs del trimestre

## UD 7. Tratamientos termoquímicos
### Duración: 6 horas

**A) OBJETIVOS DE APRENDIZAJE**

- Relacionar los diferentes tipos de tratamientos termoquímicos con las propiedades deseadas en cada caso
- Establecer el tratamiento termoquímico más adecuado para la aplicación deseada
- Conocer cómo varía la superficie con los tratamientos termoquímicos y las propiedades conseguidas

**B) CONTENIDOS**

**CONTENIDOS CONCEPTUALES**

- Fundamento y objeto de los tratamientos termoquímicos.
- Principales tratamientos termoquímicos
  - Cementación
    - Composición del acero a cementar
    - Tipos de cementantes
    - Temperatura de cementación
    - Tiempo de cementación

Materiales empleados en fabricación mecánica

- o Nitruración
  - Composición química del acero a nitrurar
  - Agente nitrurante
  - Temperatura y tiempo de nitruración
- o Cianuración
- o Carbonitruración
- o Sulfinización
- o Otros tratamientos: Silización, boruración, cementación de metales sherardización, valorización, cromización.
- Detección y evaluación de defectos de piezas tratadas.

**CONTENIDOS PROCEDIMENTALES**

- Determinación del tipo de tratamiento termoquímico más adecuado en función de las propiedades deseadas.

**CONTENIDOS ACTITUDINALES**

- Observación, constancia, responsabilidad y respeto a las normas de seguridad y autocrítica en el trabajo individual.
- *Educación del consumidor (TEMA TRANSVERSAL)*: Concienciación de que una buena protección de la superficie de los materiales usando tratamientos termoquímicos adecuados los hace más duraderos y contribuye al ahorro de recursos.
- *Educación ambiental (TEMA TRANSVERSAL)*: Previsión y prevención de los efectos ambientales de las actividades industriales.

**C) ACTIVIDADES DE ENSEÑANZA Y APRENDIZAJE**

**ACTIVIDAD PROGRAMADA**

**A1 (PM, *Clase*)**- Presentación y desarrollo de los contenidos conceptuales de la UD por parte del profesor.

**A2 (CC, *Individual*)**- Responde las siguientes cuestiones sobre los tratamientos de cementación. Justifica tus respuestas
    a) ¿Qué características deben tener los aceros para cementación? b) Enumera y describe los factores que afectan a la cementación. c) ¿Por qué es necesario tratar las piezas térmicamente después de la cementación?. d) ¿Qué tipos de cementación conoces?

**A3 (CC, *Individual*)**- Responde las siguientes cuestiones sobre los tratamientos de nitruración. Justifica tus respuestas
    a) ¿A qué se deben las elevadas durezas obtenidas mediante tratamientos de nitruración?
    b) ¿Qué aceros son los más adecuados para tratar por nitruración?.

**A4 (CC, *Individual*)**- a) ¿En qué consiste la cianuración? ¿Qué diferencias hay con la cementación?
    b) Describe el proceso de sulfinización. ¿Qué ventajas tiene su aplicación?

**A5 (Ev, *Individual*)**- Prueba objetiva escrita sobre los contenidos desarrollados en las UDs 5, 6 y 7.

## D) PROCEDIMIENTOS DE EVALUACIÓN

### EVALUACIÓN CONTÍNUA

| Contenidos | Objetos de evaluación | Criterios de Calificación | Técnicas/ Instrumentos |
|---|---|---|---|
| Conceptuales y procedimentales | Actividad 2 | Claridad en la exposición de los contenidos | Observación indirecta/ Ficha del alumno |
| | Actividad 3 | Claridad en la exposición de los contenidos | |
| | Actividad 4 | Claridad en la exposición de los contenidos | |
| Actitudinales | Actitud en el aula | Interés, participación y curiosidad en el aula | Observación directa/Ficha del alumno (reverso) |
| | Asistencia | Asistencia continuada y puntualidad | |

### EVALUACIÓN FINAL Y SUMATIVA

La calificación de los contenidos de esta unidad se evaluarán conjuntamente con los contenidos evaluados en las restantes UDs del trimestre

---

## UD 8. Aceros al carbono
### Duración: 5 horas

### A) OBJETIVOS DE APRENDIZAJE

- Conocer los distintos aceros al carbono y los procedimientos para fabricarlos
- Relacionar los diferentes tipos de aceros al carbono con sus propiedades fisicoquímicas, mecánicas y tecnológicas
- Seleccionar los diferentes aceros al carbono en función de sus propiedades

### B) CONTENIDOS

### CONTENIDOS CONCEPTUALES

- Propiedades de los aceros
- Procedimientos de obtención del acero
    - Procedimiento Bessemer-Thomas
    - Procedimiento Siemens-Martin
    - Convertidor LD soplado con oxígeno
    - Horno eléctrico
    - Horno de inducción
- Clasificación de los aceros
    - Designación convencional numérica (Clasificación según norma UNE)
    - Según las aplicaciones: aceros de base, aceros de calidad y aceros especiales
    - Según su contenido en carbono
        - Aceros bajos en carbono: Extrasuaves, suaves, aleaciones de alta resistencia y baja aleación (HSLA)
        - Aceros medios en carbono: Semisuaves, semiduros, duros y extramuros
        - Aceros altos en carbono
- Presentaciones comerciales del acero

Materiales empleados en fabricación mecánica

| CONTENIDOS PROCEDIMENTALES |
|---|
| - Análisis de la influencia del contenido en carbono en la resistencia mecánica, tenacidad, ductilidad y fragilidad de un acero. |
| - Reconocimiento de la composición y características más importantes de un acero a partir de su designación convencional numérica. |
| - Selección del acero más adecuado en función de las propiedades deseadas. |
| **CONTENIDOS ACTITUDINALES** |
| - Respeto por las convenciones y normas internacionales sobre normalización. |
| - Observación, constancia, responsabilidad y respeto a las normas de seguridad y autocrítica en el trabajo individual. |
| - *Educación del consumidor (TEMA TRANVERSAL):* valoración de la utilidad de diferentes familias de materiales empleados en fabricación mecánica a partir de sus características técnicas y su precio de mercado. |
| - *Educación ambiental (TEMA TRANSVERSAL)*: Previsión y prevención de los efectos ambientales de las actividades industriales. |
| **C) ACTIVIDADES DE ENSEÑANZA Y APRENDIZAJE** |
| **ACTIVIDAD PROGRAMADA** |
| **A1 (PM,** *Clase***)**- Explicación de los contenidos conceptuales de la UD por parte del profesor. |
| **A2 (CC,** *Individual***)**- ¿Qué microestructura presentan los aceros bajos en carbono?¿Qué propiedades tienen? ¿Cómo puede incrementarse su resistencia mecánica?. |
| **A3 (CC,** *Individual***)**-Busca el significado de los siguientes términos: Mineral de hierro, Arrabio, Ganga, Convertidor LD, Acero suave, Escoria, Mena, F-110 |
| **A4 (CC,** *Individual***)**- Indica qué tipos de aceros al carbono emplearías si tuvieras que fabricar algunos de los siguientes elementos: Alicates, pinzas, cortafríos, chinchetas, tornillos, martillo. |
| **D) PROCEDIMIENTOS DE EVALUACIÓN** |
| **EVALUACIÓN CONTÍNUA** |

| Contenidos | Objetos de evaluación | Criterios de Calificación | Técnicas/ Instrumentos |
|---|---|---|---|
| Conceptuales y procedimentales | Actividad 2 | Claridad en la exposición de contenidos | Observación indirecta/ Ficha del alumno |
| | Actividad 3 | Claridad en la exposición de contenidos | |
| | Actividad 4 | Claridad en la exposición de contenidos | |
| Actitudinales | Actitud en el aula | Interés, participación y curiosidad en el aula | Observación directa/Ficha del alumno (reverso) |
| | Asistencia | Asistencia continuada y puntualidad | |

| **EVALUACIÓN FINAL Y SUMATIVA** |
|---|
| La calificación de los contenidos de esta unidad se evaluarán conjuntamente con los contenidos evaluados en las restantes UDs del trimestre |

| UD 9. Aceros aleados |
|---|
| Duración: 6 horas |
| **A) OBJETIVOS DE APRENDIZAJE** |
| - Relacionar los tipos de aceros aleados con sus propiedades<br>- Seleccionar los diferentes aceros aleados en función de sus propiedades<br>- Determinar la presencia de los elementos que confieren la característica de aleado a un acero |
| **B) CONTENIDOS** |
| **CONTENIDOS CONCEPTUALES** |
| - Características generales de los aceros aleados<br>- Clasificación de los aceros aleados<br>    o Designación convencional numérica (Clasificación según norma UNE)<br>    o Clasificación según sus aplicaciones: aceros de calidad y aceros especiales<br>- Formas comerciales de los aceros aleados más importantes |
| **CONTENIDOS PROCEDIMENTALES** |
| - Análisis de la influencia de los elementos de aleación en las propiedades finales del acero.<br>- Reconocimiento de la composición y características más importantes de un acero a partir de su designación convencional numérica.<br>- Selección del acero más adecuado en función de las propiedades deseadas. |
| **CONTENIDOS ACTITUDINALES** |
| - Respeto por las convenciones y normas internacionales sobre normalización.<br>- Observación, constancia, responsabilidad y respeto a las normas de seguridad y autocrítica en el trabajo individual.<br>- *Educación del consumidor (TEMA TRANVERSAL):* valoración de la utilidad de diferentes familias de materiales empleados en fabricación mecánica a partir de sus características técnicas y su precio de mercado.<br>- *Educación ambiental (TEMA TRANSVERSAL)*: Previsión y prevención de los efectos ambientales de las actividades industriales. |
| **C) ACTIVIDADES DE ENSEÑANZA Y APRENDIZAJE** |
| **ACTIVIDAD PROGRAMADA** |
| **A1 (PM, *Clase*)**- Explicación de los contenidos conceptuales de la UD por parte del profesor. |
| **A2 (CC, *Individual*)**- ¿Qué efectos tienen los elementos de aleación en la templacidad de los aceros? ¿Qué efectos provoca la adición de cromo, vanadio, molibdeno y tungsteno a los aceros altos en carbono? ¿Qué aplicaciones tienen? |
| **A3 (CC, *Individual*)**- ¿Cómo pueden obtenerse los aceros inoxidables? ¿Qué ventajas presentan? Describir los principales tipos de aceros inoxidables definidos según la norma UNE. |
| **A4 (CC, *Individual*)**- Los aceros de alta resistencia contienen elementos aleantes, como el cromo, níquel y molibdeno. ¿Qué beneficios aportan cada uno de ellos? |
| **A5 (CC, *Individual*)**- Indica el contenido de carbono y de otros elementos en los aceros aleados para muelles o de gran elasticidad (serie F-1400). ¿Admiten tratamientos térmicos? ¿Qué propiedades tienen?. |
| **A6 (CC, *Individual*)**- ¿Qué características tienen los aceros para cementación (serie F-1500)?. Indica los diferentes tipos para cementación y sus propiedades. |

Materiales empleados en fabricación mecánica

| | |
|---|---|
| **A7 (Ev, *Individual*)**- Prueba objetiva escrita sobre los contenidos desarrollados en las UDs 8 y 9. | |

## D) PROCEDIMIENTOS DE EVALUACIÓN

### EVALUACIÓN CONTÍNUA

| Contenidos | Objetos de evaluación | Criterios de Calificación | Técnicas/ Instrumentos |
|---|---|---|---|
| Conceptuales y procedimentales | Actividad 2 | Claridad en la exposición de los contenidos | Observación indirecta/ Ficha del alumno |
| | Actividad 3 | Claridad en la exposición de los contenidos | |
| | Actividad 4 | Claridad en la exposición de los contenidos | |
| | Actividad 5 | Claridad en la exposición de los contenidos | |
| | Actividad 6 | Claridad en la exposición de los contenidos | |
| Actitudinales | Actitud en el aula | Interés, participación y curiosidad en el aula | Observación directa/Ficha del alumno (reverso) |
| | Asistencia | Asistencia continuada y puntualidad | |

### EVALUACIÓN FINAL Y SUMATIVA

La calificación de las actividades evaluadas en esta unidad didáctica, junto con las demás evaluadas en las restantes UDs del trimestre, constituirán el 15% de la nota de la 2ª evaluación. Otro 60% de la nota lo constituirá la media de las notas obtenidas en las dos pruebas objetivas realizadas durante el trimestre, y un 15% de la calificación de la memoria del proyecto práctico. Finalmente, el 10% restante de la nota de la 2ª evaluación se obtendrá de las notas de los contenidos actitudinales calificados a lo largo del trimestre

## UD 10. Fundiciones
### Duración: 4 horas

### A) OBJETIVOS DE APRENDIZAJE
- Conocer los distintos tipos de fundiciones
- Relacionar los diferentes tipos de fundiciones con sus propiedades fisicoquímicas, mecánicas y tecnológicas
- Seleccionar las diferentes fundiciones en función de sus propiedades

### B) CONTENIDOS

### CONTENIDOS CONCEPTUALES
- Características generales de las fundiciones
- Proceso de obtención
- Tipos principales de fundiciones: designación normalizada
    - Fundición gris
    - Fundición blanca
    - Fundición atruchada
    - Fundición negra

- o Fundición maleable: Maleable blanca, Maleable negra y Maleable perlítica
- o Fundición de grafito esferoidal (fundición nodular)
- o Fundición de grafito difuso
- o Fundición aleada

### CONTENIDOS PROCEDIMENTALES

- Reconocimiento de la composición y características más importantes de una fundición a partir de su designación convencional numérica.

- Localización del grafito y la cementita en una metalografía de una fundición

- Selección de la fundición más adecuada en función de las propiedades deseadas.

### CONTENIDOS ACTITUDINALES

- Respeto por las convenciones y normas internacionales sobre normalización.
- Observación, constancia, responsabilidad y respeto a las normas de seguridad y autocrítica en el trabajo individual.
- *Educación del consumidor (TEMA TRANVERSAL):* valoración de la utilidad de diferentes familias de materiales empleados en fabricación mecánica a partir de sus características técnicas y su precio de mercado.
- *Educación ambiental (TEMA TRANSVERSAL)*: Previsión y prevención de los efectos ambientales de las actividades industriales.

### C) ACTIVIDADES DE ENSEÑANZA Y APRENDIZAJE

### ACTIVIDAD PROGRAMADA

**A1 (PM, *Clase*)**- Presentación y desarrollo de los contenidos conceptuales de la UD por parte del profesor.

**A2 (CC, *Individual*)**- Representa gráficamente el proceso de obtención de piezas fabricadas con los siguientes tipos de fundiciones: maleable blanca, maleable negra, maleable perlítica.

**A3 (CC, *Individual*)**- Comenta las siguientes metalografías de fundiciones e indica los componentes metalográficos que se observan. Intenta determinar el tipo de fundición de qué se trata.

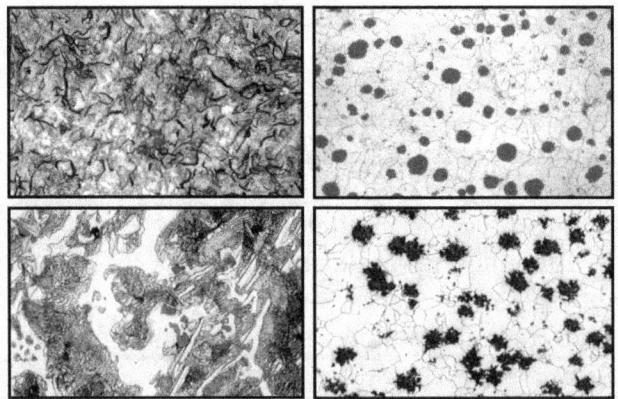

### D) PROCEDIMIENTOS DE EVALUACIÓN

### EVALUACIÓN CONTÍNUA

| Contenidos | Objetos de evaluación | Criterios de Calificación | Técnicas/ Instrumentos |
|---|---|---|---|
| Conceptuales y procedimentales | Actividad 2 | Claridad de exposición y explicación | Observación indirecta/ |

Materiales empleados en fabricación mecánica

| | Actividad 3 | Análisis de las metalografías y deducción correcta del tipo de fundición | Ficha del alumno |
|---|---|---|---|
| Actitudinales | Actitud en el aula | Interés, participación y curiosidad en el aula | Observación directa/Ficha del alumno (reverso) |
| | Asistencia | Asistencia continuada y puntualidad | |

| EVALUACIÓN FINAL Y SUMATIVA |
|---|
| La calificación de los contenidos de esta unidad se evaluarán conjuntamente con los contenidos evaluados en las restantes UDs del trimestre |

| UD 11. Metales pesados y sus aleaciones |
|---|
| Duración: 4 horas |
| **A) OBJETIVOS DE APRENDIZAJE** |
| - Conocer los principales metales pesados no ferrosos y sus aleaciones.<br>- Definir las propiedades más destacadas de los metales pesados y sus aleaciones.<br>- Justificar la fabricación usando un metal o aleación en función de sus propiedades |
| **B) CONTENIDOS** |
| **CONTENIDOS CONCEPTUALES** |
| - Clasificación de los metales no ferrosos: pesados, ligeros y ultraligeros<br>- Metales pesados y sus aleaciones<br>   o Cobre: Características y procesos de obtención, Aleaciones (Bronce, latón, cuproaluminio, alpaca, cuproníquel)<br>   o Estaño: Características y procesos de obtención, Aleaciones (Bronce, soldaduras blandas, aleaciones de bajo punto de fusión)<br>   o Cinc: Características y procesos de obtención, Aleaciones (Latón, alpaca, zamak)<br>   o Plomo: Características y procesos de obtención, Aleaciones (Soldadura blanda)<br>   o Otros metales no ferrosos pesados: Cromo, níquel, tungsteno, cobalto<br>- Presentaciones comerciales |
| **CONTENIDOS PROCEDIMENTALES** |
| - Selección del metal o aleación más adecuada en función de las propiedades deseadas |
| **CONTENIDOS ACTITUDINALES** |
| - Respeto por las convenciones y normas internacionales sobre normalización.<br>- Observación, constancia, responsabilidad y respeto a las normas de seguridad y autocrítica en el trabajo individual.<br>- *Educación del consumidor (TEMA TRANVERSAL):* valoración de la utilidad de diferentes familias de materiales empleados en fabricación mecánica a partir de sus características técnicas y su precio de mercado.<br>- *Educación ambiental (TEMA TRANSVERSAL)*: Previsión y prevención de los efectos ambientales de las actividades industriales. |
| **C) ACTIVIDADES DE ENSEÑANZA Y APRENDIZAJE** |
| **ACTIVIDAD PROGRAMADA** |
| **A1 (PM, Clase)**- Explicación de los contenidos conceptuales de la UD por parte del profesor. |

**A2 (CC, *Individual*)**- Busca en tu entorno al menos una aplicación de cada uno de los metales no ferrosos estudiados en esta UD y señala sus ventajas respecto a otros materiales.

**A3 (CC, *Individual*)**- Justifica por qué el cinc es un metal adecuado para fabricar canalones y tejados y no sería recomendable usarla para construir recipientes que puedan contener otros productos distintos del agua.

**A4 (CC, *Individual*)**- Busca productos de tu entorno, como: botes de pintura, conservantes para madera, bronceadores, etc. Lee la composición y averigua si llevan cinc en alguna forma química. Luego, anótalo en tu cuaderno.

## D) PROCEDIMIENTOS DE EVALUACIÓN

### EVALUACIÓN CONTÍNUA

| Contenidos | Objetos de evaluación | Criterios de Calificación | Técnicas/ Instrumentos |
|---|---|---|---|
| Conceptuales y procedimentales | Actividad 2 | Búsqueda de información y análisis correcto | Observación indirecta/ Ficha del alumno |
| | Actividad 3 | Respuesta correctamente justificada | |
| | Actividad 4 | Búsqueda de información y análisis correcto | |
| Actitudinales | Actitud en el aula | Interés, participación y curiosidad en el aula | Observación directa/Ficha del alumno (reverso) |
| | Asistencia | Asistencia continuada y puntualidad | |

### EVALUACIÓN FINAL Y SUMATIVA

La calificación de los contenidos de esta unidad se evaluarán conjuntamente con los contenidos evaluados en las restantes UDs del trimestre

---

## UD 12. Metales ligeros y sus aleaciones
### Duración: 5 horas

### A) OBJETIVOS DE APRENDIZAJE

- Conocer los principales metales ligeros no ferrosos y sus aleaciones.
- Definir las propiedades más destacadas de los metales ligeros y sus aleaciones.
- Justificar la fabricación de una pieza con una determinado metal o aleación en función de sus propiedades

### B) CONTENIDOS

### CONTENIDOS CONCEPTUALES

- Metales ligeros y sus aleaciones
    - Aluminio: Características y procesos de obtención, Aleaciones (aleaciones de moldeo y aleaciones de forja)
    - Titanio: Características y procesos de obtención, Aleaciones (aleaciones $\alpha$, $\beta$, $\alpha+\beta$, casi-$\alpha$, super-$\alpha$ y casi-$\beta$)
- Metales ultraligeros
    - Magnesio: Características y procesos de obtención, Aleaciones (Aleaciones maleables y de colada)
- Presentaciones comerciales

Materiales empleados en fabricación mecánica

| CONTENIDOS PROCEDIMENTALES |
|---|
| - Selección del metal o aleación más adecuada en función de las propiedades deseadas |

| CONTENIDOS ACTITUDINALES |
|---|
| - Respeto por las convenciones y normas internacionales sobre normalización.<br>- Observación, constancia, responsabilidad y respeto a las normas de seguridad y autocrítica en el trabajo individual.<br>- *Educación del consumidor (TEMA TRANVERSAL):* valoración de la utilidad de diferentes familias de materiales empleados en fabricación mecánica a partir de sus características técnicas y su precio de mercado.<br>- *Educación ambiental (TEMA TRANSVERSAL)*: Previsión y prevención de los efectos ambientales de las actividades industriales. |

| C) ACTIVIDADES DE ENSEÑANZA Y APRENDIZAJE |
|---|
| **ACTIVIDAD PROGRAMADA** |
| **A1 (PM, *Clase*)**- Presentación y desarrollo de los contenidos conceptuales de la UD por parte del profesor. |
| **A2 (CC, *Individual*)**- Presenta mediante diagramas conceptuales el proceso de obtención del aluminio y del titanio. |
| **A3 (CC, *Individual*)**- Haz una relación de todas aquellas piezas u objetos que se encuentren en tu casa y estén fabricados en aluminio. Justifica por qué se ha empleado este material y no otro, atendiendo a razones estéticas, menor densidad, economía, mayor durabilidad, facilidad de fabricación, etc. |
| **A4 (CC, *Individual*)**- A partir de la figura, determina cuánto habrá costado obtener una tonelada de aluminio si se consume el mínimo de energía. El precio de 1 Kg de fuel es de 0.44 € y 1 Kwh de electricidad vale 0.08€ (el precio de los materiales se desprecia). 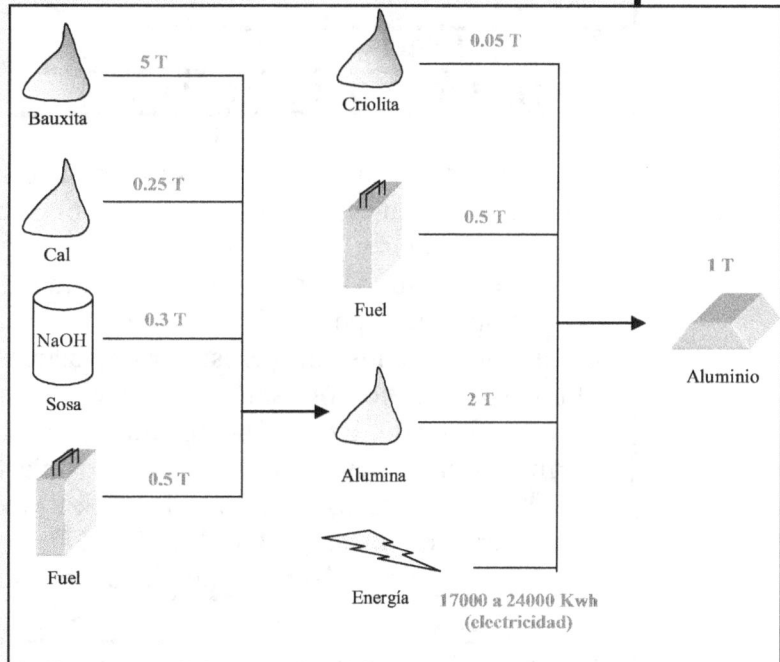 |
| **A5 (Ev, *Individual*)**- Prueba objetiva escrita sobre los contenidos desarrollados en las UDs 10, 11 y 12. |

| D) PROCEDIMIENTOS DE EVALUACIÓN |
|---|
| **EVALUACIÓN CONTÍNUA** |

| Contenidos | Objetos de evaluación | Criterios de Calificación | Técnicas/ Instrumentos |
|---|---|---|---|
| Conceptuales y procedimentales | Actividad 2 | Elaboración del diagrama y claridad | Observación indirecta/ |

| | Actividad 3 | Búsqueda de información y análisis correcto | Ficha del alumno |
|---|---|---|---|
| | Actividad 4 | Cálculo numérico correcto | |
| Actitudinales | Actitud en el aula | Interés, participación y curiosidad hacia el trabajo | Observación directa/Ficha del alumno (reverso) |
| | Asistencia | Asistencia continuada y puntualidad | |

| EVALUACIÓN FINAL Y SUMATIVA |
|---|
| La calificación de los contenidos de esta unidad se evaluarán conjuntamente con los contenidos evaluados en las restantes UDs del trimestre |

## UD 13. Materiales plásticos
### Duración: 4 horas

### A) OBJETIVOS DE APRENDIZAJE
- Conocer los principales tipos de plásticos, su clasificación y su designación.
- Describir las propiedades de un plástico termoestable, un termoplástico o un elastómero.
- Conocer los procesos usados en la conformación de un plástico mediante distintos métodos
- Nombrar correctamente los polímeros, tanto por su nombre técnico como el comercial.

### B) CONTENIDOS

**CONTENIDOS CONCEPTUALES**

- Características generales de plásticos
  - Materia prima usada para su fabricación
  - Componentes principales de los plásticos: Materia básica, cargas, aditivos y catalizadores
  - Conceptos básicos: tacticidad, grado de entrecruzamiento, copolimerización, etapas de la polimerización, etc.
- Clasificación de los polímeros: Termoplásticos, Termoestables y Elastómeros
- Procesos de conformación de los productos plásticos: Prensado, Inyección, Termoconformado, Extrusión-soplado
- Formas comerciales y aplicaciones de los plásticos más importantes
  - Termoplásticos: PC, PVC, PP, PE, PMMA, PS, ABS
  - Termoestables: PF, UF, MF, UP, EP, PUR
  - Elastómeros: Caucho natural, caucho sintético, neopreno, siliconas

**CONTENIDOS PROCEDIMENTALES**

- Selección del plástico más adecuado en función de las propiedades deseadas
- Diferenciación entre termoestables y termoplásticos
- Manejo de la nomenclatura de los materiales plásticos

**CONTENIDOS ACTITUDINALES**

- Observación, constancia, responsabilidad y respeto a las normas de seguridad y autocrítica en el trabajo individual.
- *Educación del consumidor (TEMA TRANVERSAL):* valoración de la utilidad de diferentes familias de materiales empleados en fabricación mecánica a partir de sus características técnicas y su precio de mercado.

Materiales empleados en fabricación mecánica

| |
|---|
| - *Educación ambiental (TEMA TRANSVERSAL)*: Previsión y prevención de los efectos ambientales de las actividades industriales. |
| **C) ACTIVIDADES DE ENSEÑANZA Y APRENDIZAJE** |
| **ACTIVIDAD PROGRAMADA** |
| **A1 (PM, *Clase*)**- Explicación de los contenidos conceptuales de la UD por parte del profesor. |
| **A2 (CC, *Individual*)**- Indica aplicaciones de plásticos que hayan substituido a otros materiales. |
| **A3 (CC, *Individual*)**- ¿Cuál es el objetivo de añadir otros componentes a los plásticos? ¿Qué tipos de componentes se pueden añadir y cuál es la función de cada uno de ellos? |
| **A4 (CC, *Individual*)**- Describe el proceso de polimerización del polietileno y del nylon 6.6 |
| **A5 (AA, *Individual*)**- Realiza una investigación de campo consistente en la búsqueda de información a cerca de la utilización de plásticos en el hogar. Para ello: a) Analiza los plásticos que entren en tu casa (envoltorios, recipientes, botellas y embalajes), durante un cierto periodo de 15 días. Para identificarlos recurre a los símbolos normalizados que aparecen en algún lugar, como los de la figura. En algunos casos encontrarás un triángulo con el número en el interior, mientras que en otros puede haber iniciales, como PET (polietileno tereftalato) o HDPE (polietileno de alta densidad). b) Selecciónalos según la familia a la que pertenezcan y finalmente calcula el peso de cada uno. Luego calcula el tanto por ciento que representa cada uno. Saca conclusiones sobre los resultados obtenidos y elabora una memoria. 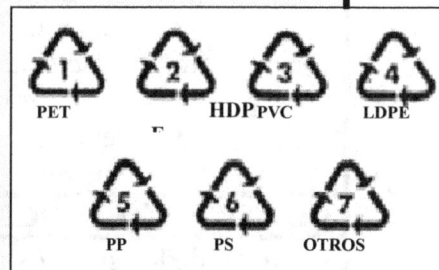 |

**D) PROCEDIMIENTOS DE EVALUACIÓN**

**EVALUACIÓN CONTÍNUA**

| Contenidos | Objetos de evaluación | Criterios de Calificación | Técnicas/ Instrumentos |
|---|---|---|---|
| Conceptuales y procedimentales | Actividad 2 | Búsqueda de información y análisis | Observación indirecta/ Ficha del alumno |
| | Actividad 3 | Respuesta correctamente justificada | |
| | Actividad 4 | Respuesta correctamente justificada | |
| | Actividad 5 | Búsqueda de información y análisis | |
| Actitudinales | Actitud en el aula | Interés, participación y curiosidad en el aula | Observación directa/Ficha del alumno (reverso) |
| | Asistencia | Asistencia continuada y puntualidad | |

**EVALUACIÓN FINAL Y SUMATIVA**

La calificación de los contenidos de esta unidad se evaluarán conjuntamente con los contenidos evaluados en las restantes UDs del trimestre

## UD 14. Materiales cerámicos

Duración: 3 horas

### A) OBJETIVOS DE APRENDIZAJE

- Conocer los principales tipos de materiales cerámicos utilizados en fabricación mecánica, su clasificación y su designación.
- Describir las fases y operaciones que constituyen los procesos de conformado de los distintos materiales cerámicos
- Diferenciar los componentes que constituyen los materiales cerámicos

### B) CONTENIDOS

#### CONTENIDOS CONCEPTUALES

- Características generales de los materiales cerámicos
- Tipos principales de materiales cerámicos
    - Vidrios y vitrocerámica: tipos de vidrios, aplicaciones y modo de obtención
    - Cerámica tradicional:
        - Cerámicos porosos: ladrillos, alfarería, loza
        - Cerámicos compactos: porcelana, gres
    - Cerámica técnica:
        - Refractarios
        - Cerámica avanzada: cerámica tenaz, cerámica estructural y cerámica funcional

#### CONTENIDOS PROCEDIMENTALES

- Estudio de los silicatos más empleados como elementos base de materiales cerámicos
- Determinación de las características y propiedades más destacables de materiales cerámicos
- Aplicaciones industriales más usuales de los materiales cerámicos

#### CONTENIDOS ACTITUDINALES

- Observación, constancia, responsabilidad y respeto a las normas de seguridad y autocrítica en el trabajo individual.
- *Educación del consumidor (TEMA TRANVERSAL):* valoración de la utilidad de diferentes familias de materiales empleados en fabricación mecánica a partir de sus características técnicas y su precio de mercado.
- *Educación ambiental (TEMA TRANSVERSAL)*: Previsión y prevención de los efectos ambientales de las actividades industriales.

### C) ACTIVIDADES DE ENSEÑANZA Y APRENDIZAJE

#### ACTIVIDAD PROGRAMADA

**A1 (PM, *Clase*)**- Presentación y desarrollo de los contenidos conceptuales de la UD por parte del profesor.

**A2 (CC, *Individual*)**- Elije la respuesta adecuada a las siguientes cuestiones:
1) Los materiales cerámicos se caracterizan por:
    a) Alta conductividad térmica y eléctrica
    b) Alta conductividad térmica y baja eléctrica
    c) Baja conductividad térmica y eléctrica
2) Las pequeñas grietas en los materiales cerámicos son:
    a) Poco importantes, pues tienen un elevado límite elástico
    b) Muy importantes, se amplifica la tensión en el vértice de la grieta.
    c) No tienen influencia si se sellan con un adhesivo especial.

Materiales empleados en fabricación mecánica

| |
|---|
| **A3 (CC, *Individual*)**- Indica qué tipo de vidrio emplearías si tuvieses que fabricar los siguientes productos: mesa, escaparate, aislante para paredes, ventanal de oficina, luna trasera de un automóvil y ventana de una habitación. |
| **A4 (CC, *Individual*)**- Localiza en tu casa los siguientes productos cerámicos: arcilla cocida, loza italiana, gres cerámico fino y porcelana. Indica qué objeto está fabricado con ese material y qué ventajas e inconvenientes aporta la adopción de ese tipo de cerámica frente a otro. |

## D) PROCEDIMIENTOS DE EVALUACIÓN

### EVALUACIÓN CONTÍNUA

| Contenidos | Objetos de evaluación | Criterios de Calificación | Técnicas/ Instrumentos |
|---|---|---|---|
| Conceptuales y procedimentales | Actividad 2 | Selección de la respuesta correcta | Observación indirecta/ Ficha del alumno |
| | Actividad 3 | Respuesta correctamente justificada | |
| | Actividad 4 | Búsqueda de información y análisis correcto | |
| Actitudinales | Actitud en el aula | Interés, participación y curiosidad en el aula | Observación directa/Ficha del alumno (reverso) |
| | Asistencia | Asistencia continuada y puntualidad | |

### EVALUACIÓN FINAL Y SUMATIVA

La calificación de los contenidos de esta unidad se evaluarán conjuntamente con los contenidos evaluados en las restantes UDs del trimestre

## UD 15. Materiales compuestos

Duración: 4 horas

### A) OBJETIVOS DE APRENDIZAJE

- Conocer los tipos de materiales compuestos y los refuerzos y matrices que los forman
- Relacionar los componentes de los materiales compuestos con sus propiedades y aplicaciones

### B) CONTENIDOS

#### CONTENIDOS CONCEPTUALES

- Características generales de los materiales compuestos
- Clasificación de los materiales compuestos
  - o Materiales compuestos reforzados con partículas
    - Compuestos endurecidos por dispersión. Selección del dispersante.
    - Compuestos particulados verdaderos. Regla de las mezclas
  - o Materiales compuestos reforzados con fibras: Refuerzo de fibras continuas y discontinuas
  - o Materiales compuestos laminares
    - Regla de las mezclas
    - Laminados
    - Metales de revestimiento
    - Bimetales
    - Estructuras de tipo emparedado o sándwich
- Fibras y matrices más utilizadas en fabricación mecánica

- Fibras: Fibras de carbono, de vidrio y de aramida
- Matrices: Resinas termoestables (Poliésteres, epoxis) y Resinas termoplásticas (Nylon 6.6, policarbonatos y polipropileno)

### CONTENIDOS PROCEDIMENTALES

- Selección del material compuesto más adecuado en función de las propiedades deseadas

### CONTENIDOS ACTITUDINALES

- Observación, constancia, responsabilidad y respeto a las normas de seguridad y autocrítica en el trabajo individual.
- *Educación del consumidor (TEMA TRANVERSAL):* valoración de la utilidad de diferentes familias de materiales empleados en fabricación mecánica a partir de sus características técnicas y su precio de mercado.
- *Educación ambiental (TEMA TRANSVERSAL)*: Previsión y prevención de los efectos ambientales de las actividades industriales.

### C) ACTIVIDADES DE ENSEÑANZA Y APRENDIZAJE

### ACTIVIDAD PROGRAMADA

**A1 (PM, *Clase*)-** Explicación de los contenidos conceptuales de la UD por parte del profesor.

**A2 (CC, *Individual*)-** Indica dos ejemplos de materiales compuestos y sus posibles aplicaciones industriales. Justifica la respuesta

**A3 (CC, *Individual*)-** Determinar la densidad de un material compuesto formado por polipropileno reforzado con un 20% de fibra de vidrio, sabiendo que: $\rho_{PP} = 0.91$ g/cm$^3$, $\rho_{(Fibra\ vidrio)} = 2.55$ g/cm$^3$. Calcular la masa contenida en 5 cm$^3$ de cada uno de los constituyentes.

**A4 (CC, *Individual*)-** Seleccionar el material compuesto más adecuado para las siguientes aplicaciones industriales, teniendo en cuenta las propiedades que se desean en cada caso: a) Palos de golf: Elevada rigidez, baja densidad y alta resistencia mecánica.

b) Bicicleta de montaña: Elevada rigidez, resistencia a la fatiga y baja densidad.

c) Pistones para motores: Elevada rigidez, buen comportamiento a elevadas temperaturas, resistencia al desgaste y buena conductividad térmica.

**A5 (Ev, Individual)-** Prueba objetiva escrita sobre los contenidos de las UDs 13, 14 y 15.

### D) PROCEDIMIENTOS DE EVALUACIÓN

### EVALUACIÓN CONTÍNUA

| Contenidos | Objetos de evaluación | Criterios de Calificación | Técnicas/ Instrumentos |
|---|---|---|---|
| Conceptuales y procedimentales | Actividad 2 | Respuesta correctamente justificada | Observación indirecta/ Ficha del alumno |
| | Actividad 3 | Realización correcta de los cálculos | |
| | Actividad 4 | Búsqueda de información y análisis | |
| Actitudinales | Actitud en el aula | Interés, participación y curiosidad en el aula | Observación directa/Ficha del alumno (reverso) |
| | Asistencia | Asistencia continuada y puntualidad | |

Materiales empleados en fabricación mecánica

| EVALUACIÓN FINAL Y SUMATIVA |
|---|
| La calificación de las actividades evaluadas en esta UD, junto con las demás evaluadas en las restantes UDs del trimestre, constituyen el 15% de la nota de la 3ª evaluación. Otro 60% de la nota lo constituirá la media de las notas obtenidas en las dos pruebas objetivas realizadas durante el trimestre, y un 15% de la calificación de la memoria del proyecto práctico. El 10% restante de la nota de la 3ª evaluación se obtendrá de las notas de los contenidos actitudinales calificados a lo largo del trimestre |

Encarnación Peris Sanchis

Materiales empleados en fabricación mecánica

# Anexos

## ANEXO I. LEGISLACIÓN DE LA PROGRAMACIÓN

- **LEY ORGÁNICA 2/2006**, de 3 de mayo, de Educación (BOE de 4 de mayo).
- **LEY ORGÁNICA 5/2002**, de 19 de junio (BOE de 20 de junio), de las Cualificaciones y de la Formación Profesional.
- **REAL DECRETO 1538/2006**, de 15 de diciembre (BOE de 3 de enero de 2007), por el que se establece la ordenación general de la formación profesional del sistema educativo.
- **REAL DECRETO 2416/1994**, de 16 de diciembre (BOE de 8 de febrero de 1995), por el que se establece el título de Técnico superior en Desarrollo de proyectos Mecánicos y las correspondientes enseñanzas mínimas.
- **REAL DECRETO 2427/1994**, de 16 de diciembre (BOE de 11 de febrero de 1995), por el que se establece el currículo del ciclo formativo de grado superior correspondiente al título de Técnico superior en Desarrollo y proyectos Mecánicos.
- **REAL DECRETO 1635/1995**, de 6 de octubre (BOE de 10 de octubre), por el que se adscribe el profesorado de los cuerpos de profesores de Educación Secundaria a FPE.
- **REAL DECRETO 676/1993**, de 7 de mayo (BOE de 22 de mayo), por el que se establecen las directrices generales sobre los títulos y las correspondientes enseñanzas mínimas de formación profesional.
- **ORDEN del 14 de marzo de 2005**, de la Consellería de Cultura, Educación y Deporte (DOGV de 14 de abril), por la que se regula la atención al alumnado con necesidades especiales escolarizado en centros que imparten educación secundaria.
- **DECRETO 234/1997 de 2 de septiembre**, de la Consellería de Cultura, Educación y Ciencia (DOGV de 8 de septiembre), por el que se aprueba el Reglamento orgánico y funcional de los institutos de educación secundaria
- **ORDEN de 15 de abril de 2008**, de la Conselleria de Educación (DOGV de 23 de abril), por la que se convocan procedimientos selectivos de ingreso, accesos y adquisición de nuevas especialidades en los cuerpos docentes de profesores de Enseñanza Secundaria, profesores de Escuelas Oficiales de Idiomas, profesores de Música y Artes Escénicas y profesores técnicos de Formación Profesional.
- **RESOLUCIÓN de 12 de julio de 2007**, de la Dirección General de Evaluación, Innovación y Calidad Educativa y de la Formación Profesional (DOGV de 20 de julio), por la que se dictan instrucciones sobre ordenación académica y de organización de la actividad docente de los centros de la Comunitat Valenciana que durante el curso 2007-2008 impartan ciclos formativos de Formación Profesional.

# ANEXO II. OBJETIVOS GENERALES DEL CICLO FORMATIVO

| OBJETIVOS GENERALES DEL CICLO FORMATIVO |
|---|
| - Interpretar y analizar la documentación técnica de proyectos de fabricación mecánica. |
| - Comprender las características físicas y mecánicas de los materiales existentes en el mercado, para su correcta selección y aplicación. |
| - Realizar los cálculos necesarios para obtener las formas o características del producto que se va a desarrollar, utilizando, en su caso, aplicaciones informáticas.<br>- Analizar los procesos de fabricación mecánica, técnica, organizativa y económicamente, desde el punto de vista del desarrollo del producto.<br>- Evaluar las dificultades técnicas de obtención de formas o tolerancias en los procesos de fabricación. |
| - Interpretar, analizar y aplicar criterios de calidad y seguridad, al desarrollo del producto. |
| - Elaborar los planos necesarios para la fabricación, mediante la correcta aplicación de las técnicas de expresión gráfica, utilizando, en su caso, medios informáticos. |
| - Valorar los ensayos de control de calidad (características de los materiales, del producto o prototipo, ...), para que el producto desarrollado cumpla las especificaciones técnicas de calidad, seguridad, fabricabilidad, ..., exigidas. |
| - Analizar las distintas posibilidades de automatización de los productos en desarrollo.<br>- Elaborar la documentación (planos, manuales técnicos, presentación del producto,...) necesaria para la definición y desarrollo de la fabricación mecánica, utilizando equipos y programas informáticos.<br>- Comprender el marco legal, económico y organizativo, que regula y condiciona la actividad industrial, identificando los derechos y las obligaciones que se derivan de las relaciones en el entorno del trabajo, así como los mecanismos de inserción laboral.<br>- Seleccionar y valorar críticamente las diversas fuentes de información relacionadas con su profesión que le permitan el desarrollo de su capacidad de autoaprendizaje y posibiliten la evolución y adaptación de sus capacidades profesionales a los cambios tecnológicos y organizativos del sector. |

Se han resaltado los objetivos generales del ciclo más relacionados con el módulo "Materiales empleados en fabricación mecánica".

Materiales empleados en fabricación mecánica

## ANEXO III. DISTRIBUCIÓN DE LAS SESIONES DEL MÓDULO

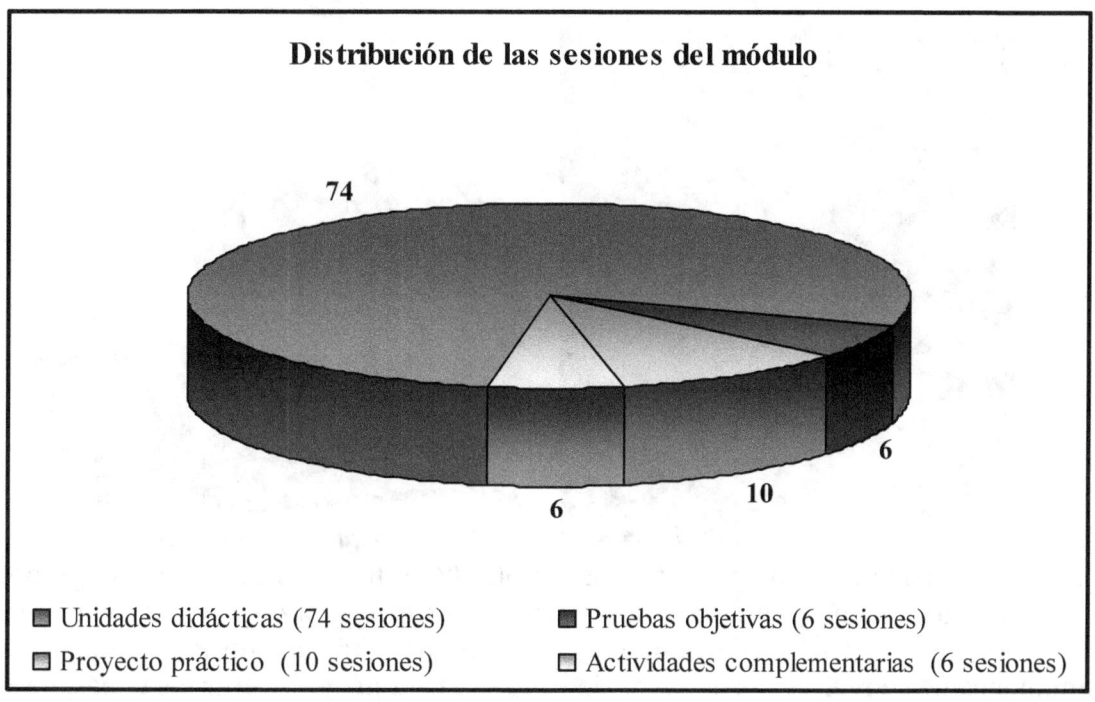

# ANEXO IV. PROYECTO PRÁCTICO

## 1ª PARTE- DETERMINACIÓN DE LAS PROPIEDADES DE MATERIALES

Esta primera parte del proyecto práctico se llevará a cabo hacia el ***final del primer trimestre***, cuando los alumnos ya hayan estudiado la base teórica de los diferentes tipos de ensayos para determinar las propiedades de materiales.

Esta parte del proyecto se realizará en el ***Laboratorio de ensayos o taller*** del instituto y se le dedicará un total de ***tres horas***. Para la realización de esta práctica, supondremos que el Instituto dispone de las siguientes máquinas de ensayos:
1) ***Durómetro***: Que permita realizar ensayos de dureza Rockwell, Brinell y/o Vickers.
2) ***Máquina para ensayos de tracción***.

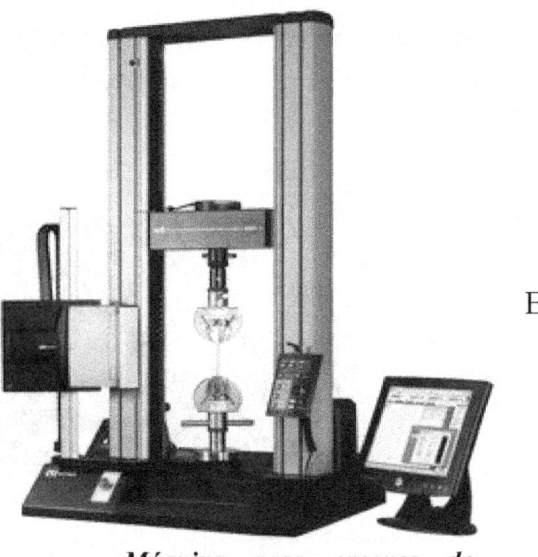

*Durómetro*        *Máquina para ensayos de tracción*

En función del número de instrumentos disponibles en el Instituto se plantearán grupos con más o menos alumnos, aunque lo ideal sería hacer ***grupos de 3 ó 4***. Además, mientras unos alumnos estén realizando las medidas de dureza, otros alumnos podrán simultáneamente realizar los ensayos de tracción, para luego invertir las tareas, de forma rotatoria, para poder así aprovechar mejor los aparatos de medida disponibles.

Durante toda la duración de la práctica en el taller, será necesario que los alumnos cumplan estrictamente las ***normas de seguridad*** necesarias, como vestir ropa protectora adecuada (bata, guantes y gafas de protección).

La práctica constará de dos partes:

### A) DETERMINACIÓN DE LA DUREZA DE UN MATERIAL

Utilizando el durómetro, los alumnos deberán determinar la dureza de una serie de muestras de aceros de diferentes características que se le proporcionarán al iniciar la práctica.

### B) REALIZACIÓN DE UN ENSAYO DE TRACCIÓN

Los alumnos llevarán a cabo un análisis completo de tracción. Anotarán en sus libretas los valores obtenidos de alargamiento para cada fuerza aplicada. Deberán

Materiales empleados en fabricación mecánica

representar los valores obtenidos e indicar sobre la gráfica la zona elástica, zona plástica, tensión máxima y tensión de rotura. Conocidas las características de la probeta, deberán determinar además la tensión máxima y la tensión en el momento de rotura e indicar a qué puntos del diagrama corresponde; la estricción y los alargamientos porcentuales; y determinar el módulo de elasticidad.

Como *__informe__* de esta parte de práctica, los alumnos deberán presentar una *__memoria escrita__* que contenga los siguientes apartados:
1) Descripción de los fundamentos teóricos del método o métodos utilizados en esta práctica para determinar la dureza y para realizar el ensayo de tracción.
2) Una tabla que contenga los valores de dureza que hayan obtenido para cada muestra de acero.
3) La tabla de valores de fuerza-alargamiento obtenidos en el ensayo de tracción, así como su representación gráfica. En la gráfica se deberán indicar las zonas características.
4) Los cálculos realizados para determinar los valores que se piden para el ensayo de tracción.

## 2ª PARTE- USO DE BASES DE DATOS DE PROPIEDADES DE MATERIALES EN INTERNET

Esta segunda parte de la práctica se llevará a cabo al *__final del segundo trimestre__*. Se realizará en un aula de informática con ordenadores con acceso a Internet, y se le dedicará un total de *__4 sesiones__*. Como la anterior, esta práctica se realizará en *__grupos de 3 ó 4 alumnos__*, enfunción de la disponibilidad de ordenadores.

Durante esta práctica, los alumnos aprenderán a utilizar los recursos gratuitos en Internet para:

### A) CONOCER LAS PROPIEDADES FISICOQUÍMICAS, MECÁNICAS Y TECNOLÓGICAS MÁS IMPORTANTES DE UN DETERMINADO MATERIAL

Para ello, a los alumnos se les proporcionarán los enlaces a páginas que contienen información sobre materiales, en las que aprenderán a realizar búsquedas de las propiedades de los materiales seleccionados. Los alumnos utilizarán www.AZoM.com, que contiene una amplia base de datos consultables de metales, cerámicos, polímeros y materiales compuestos.

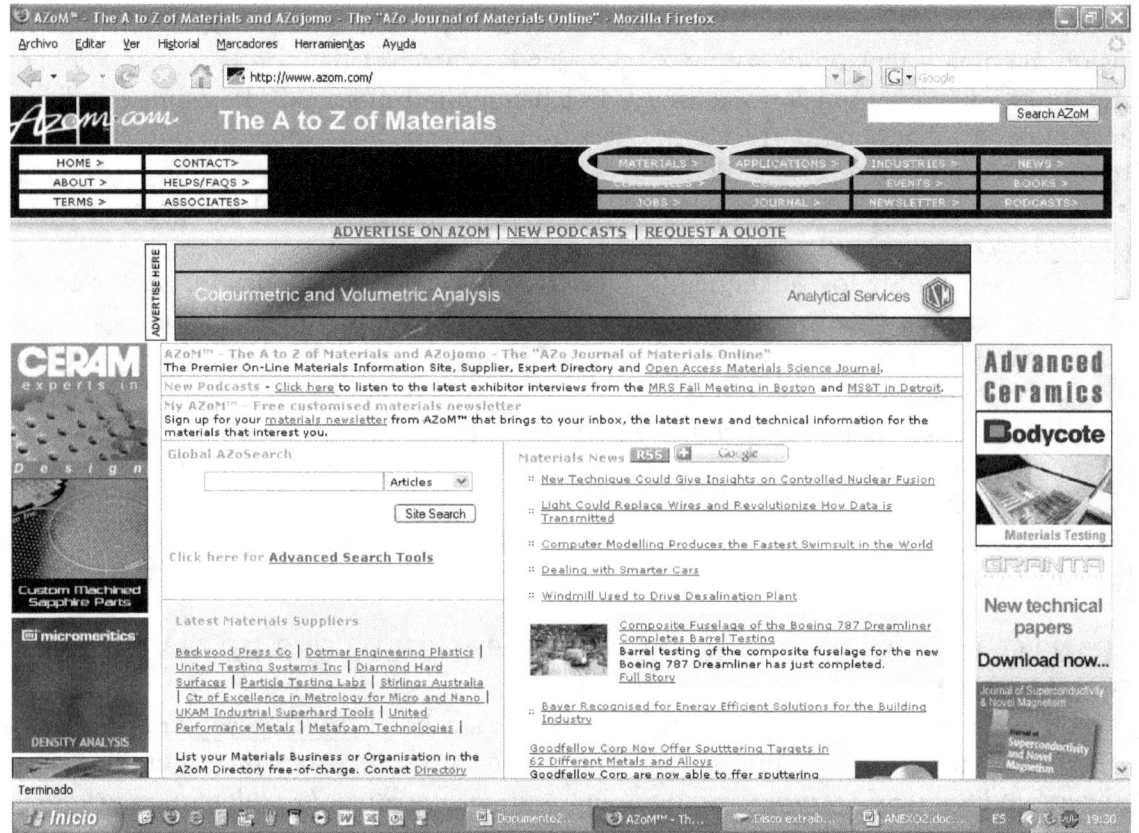

Materiales empleados en fabricación mecánica

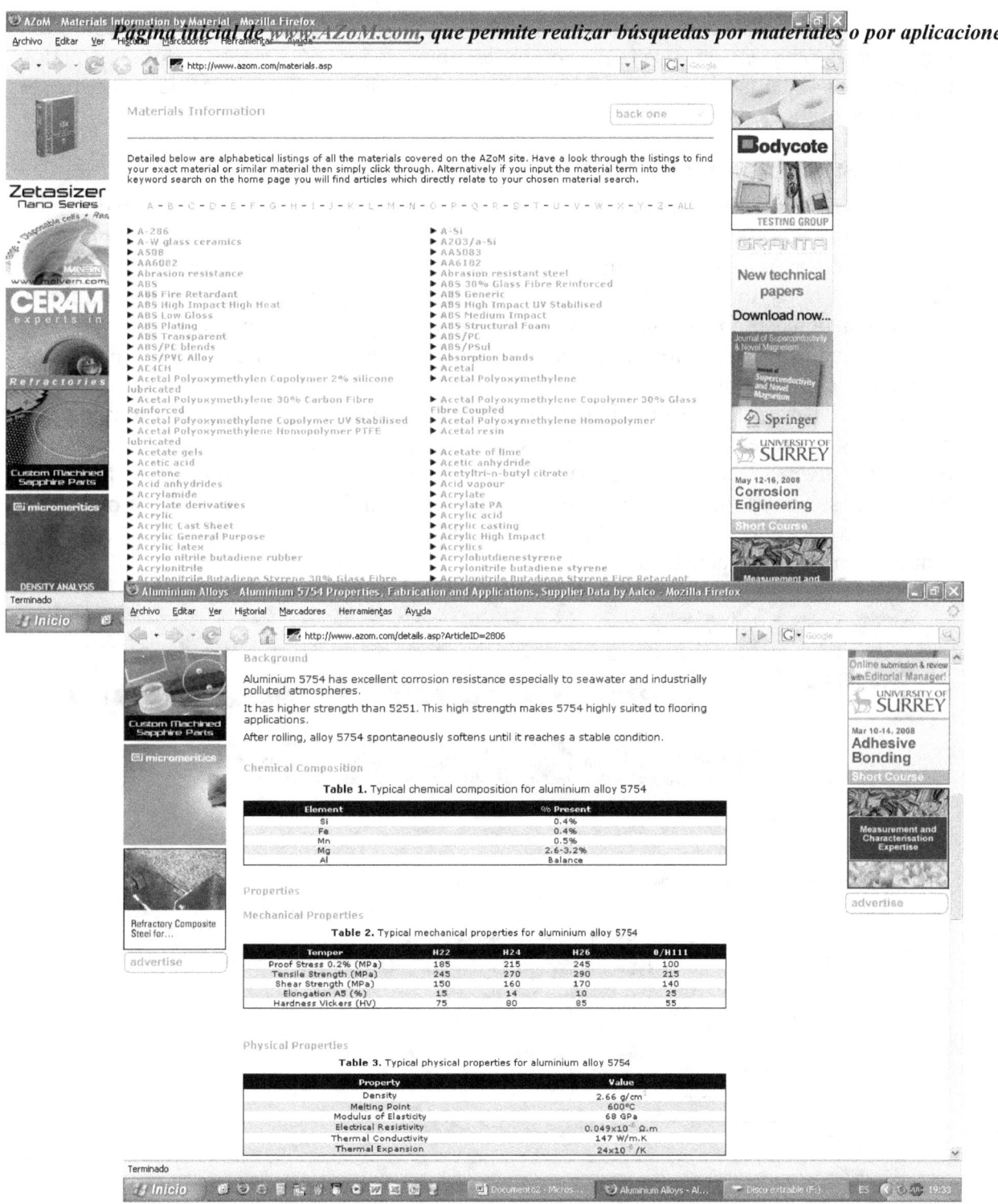

*Página inicial de www.AZoM.com, que permite realizar búsquedas por materiales o por aplicaciones*

*Ejemplo de búsqueda de materiales ordenados alfabéticamente por nombre y ventana de resultados*

Al finalizar esta segunda parte del proyecto, los alumnos deberán entregar una ***memoria escrita*** en la que describirán las búsquedas realizadas y los resultados encontrados. Además, deberán elaborar unas tablas con las propiedades de una serie de materiales propuestos.

### B) SELECCIONAR EL MATERIAL MÁS ADECUADO.

A los alumnos se les planteará que sugieran una lista de materiales adecuados para utilizar en la fabricación de una determinada pieza, teniendo en cuenta las propiedades más relevantes que debe cumplir para su correcto funcionamiento. Los alumnos accederán a la página www.matweb.com, donde es posible seleccionar valores mínimos y máximos de hasta tres propiedades simultáneamente y construir una lista de materiales que cumplan esas restricciones de entre su amplia base de datos de metales, cerámicos, plásticos y compuestos.

Para el desarrollo de la primer parte de la práctica, se pedirá a los alumnos que busquen y elaboren una tabla con las propiedades de una serie de materiales de naturaleza diversa. En la segunda parte de la práctica, se plantearán problemas prácticos en los que se pedirá que, por ejemplo, sugieran una lista de aceros aleados que presenten una dureza Vickers superior a 300, con un módulo de elasticidad de 200 GPa o superior, y que tenga la menor densidad posible.

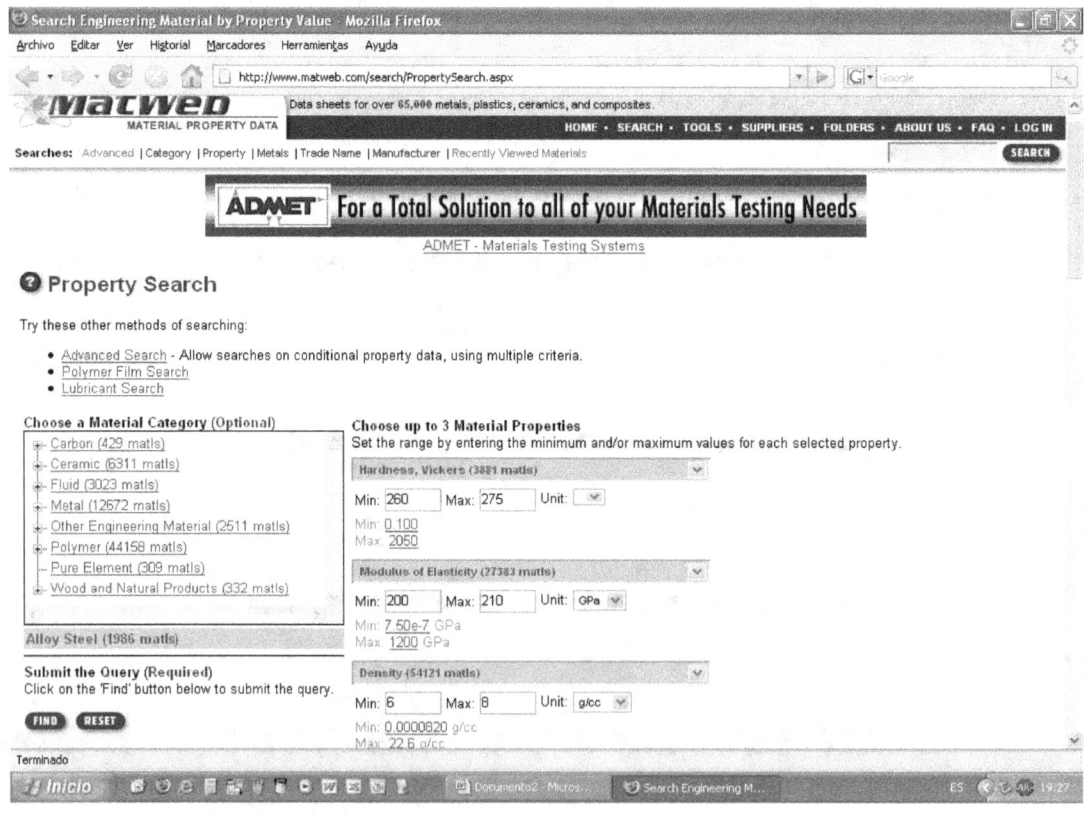

*Ejemplo de página de búsqueda. Permite establecer hasta 3 propiedades. En el ejemplo buscamos aceros aleados con determinados valores de dureza Vickers, módulo de elasticidad y densidad.*

Materiales empleados en fabricación mecánica

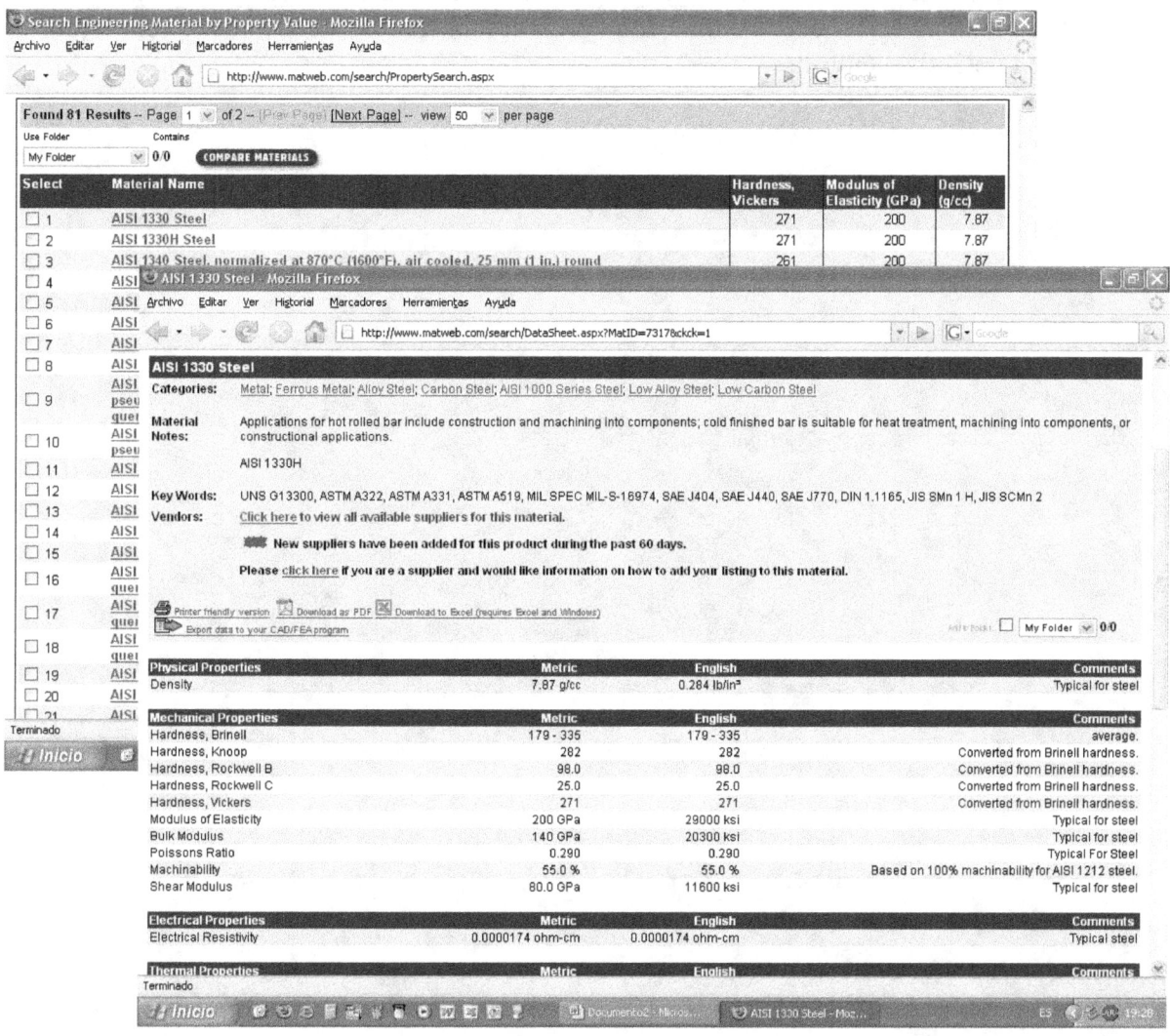

*Pantalla de resultados encontrados de materiales que cumplen los requisitos fijados, y ventana de propiedades para uno de esos materiales.*

## 3ª PARTE- SELECCIÓN DE MATERIALES

Esta tercera parte de la práctica se llevará a cabo al ***final del curso***. En ella los alumnos deberán poner en práctica los conocimientos adquiridos a lo largo de todo el año para designar los materiales más adecuados para la fabricación de un conjunto de piezas de una máquina, indicando para cada una de ellas, el proceso de fabricación utilizado y los posibles tratamientos necesarios. Para ello deberán plantearse la función de cada pieza y las condiciones de servicio, para poder determinar las propiedades que deberán cumplir estos materiales.

Un típico problema podría consistir en proponer materiales para la fabricación de piezas de un cortacésped: ruedas, ejes, caja y cuchillas de corte. El ***informe*** de esta parte del proyecto consistirá en la propuesta y justificación de los materiales elegidos para cada pieza.

A esta práctica se le dedican ***4 sesiones***, y se realizará en el ***aula informática***, ya que los alumnos necesitarán consultar las bases de datos en Internet que aprendieron a utilizar en la práctica anterior.

Materiales empleados en fabricación mecánica

## ANEXO V. Evaluación Final

| EVALUACIÓN INICIAL | |
|---|---|
| **Alumno:** | **Curso:** |

1. Define las siguientes propiedades mecánicas:
   - Tenacidad
   - Colabilidad
   - Ductilidad
   - Maleabilidad
   - Resilencia
   - Dureza
   - Fragilidad

2. Indica a qué tipos de esfuerzos están sometidos cada una de las siguientes piezas:

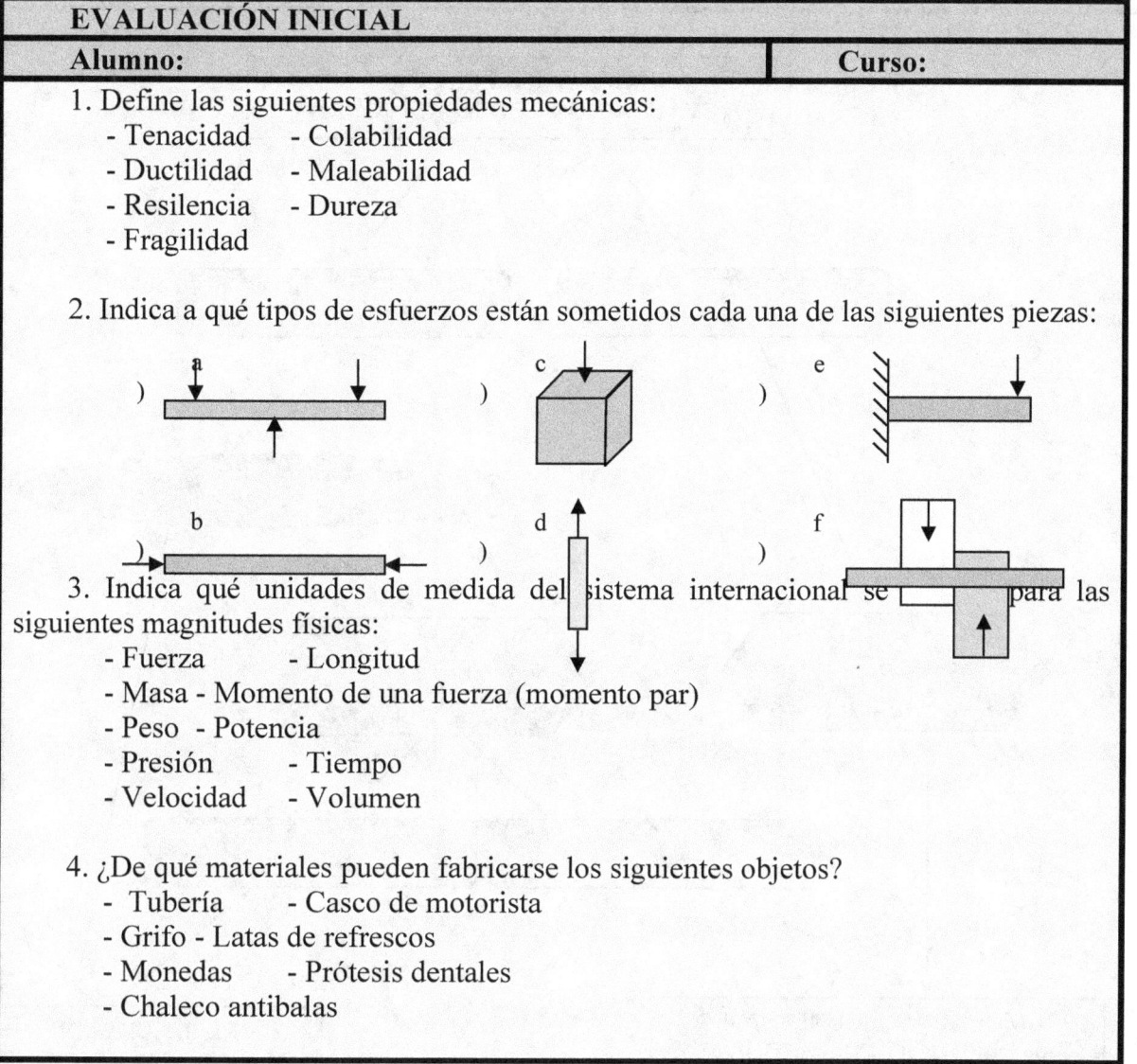

a)
b)
c)
d)
e)
f)

3. Indica qué unidades de medida del sistema internacional se usan para las siguientes magnitudes físicas:
   - Fuerza
   - Longitud
   - Masa
   - Momento de una fuerza (momento par)
   - Peso
   - Potencia
   - Presión
   - Tiempo
   - Velocidad
   - Volumen

4. ¿De qué materiales pueden fabricarse los siguientes objetos?
   - Tubería
   - Casco de motorista
   - Grifo
   - Latas de refrescos
   - Monedas
   - Prótesis dentales
   - Chaleco antibalas

## ANEXO VI. Proceso de promoción a segundo curso

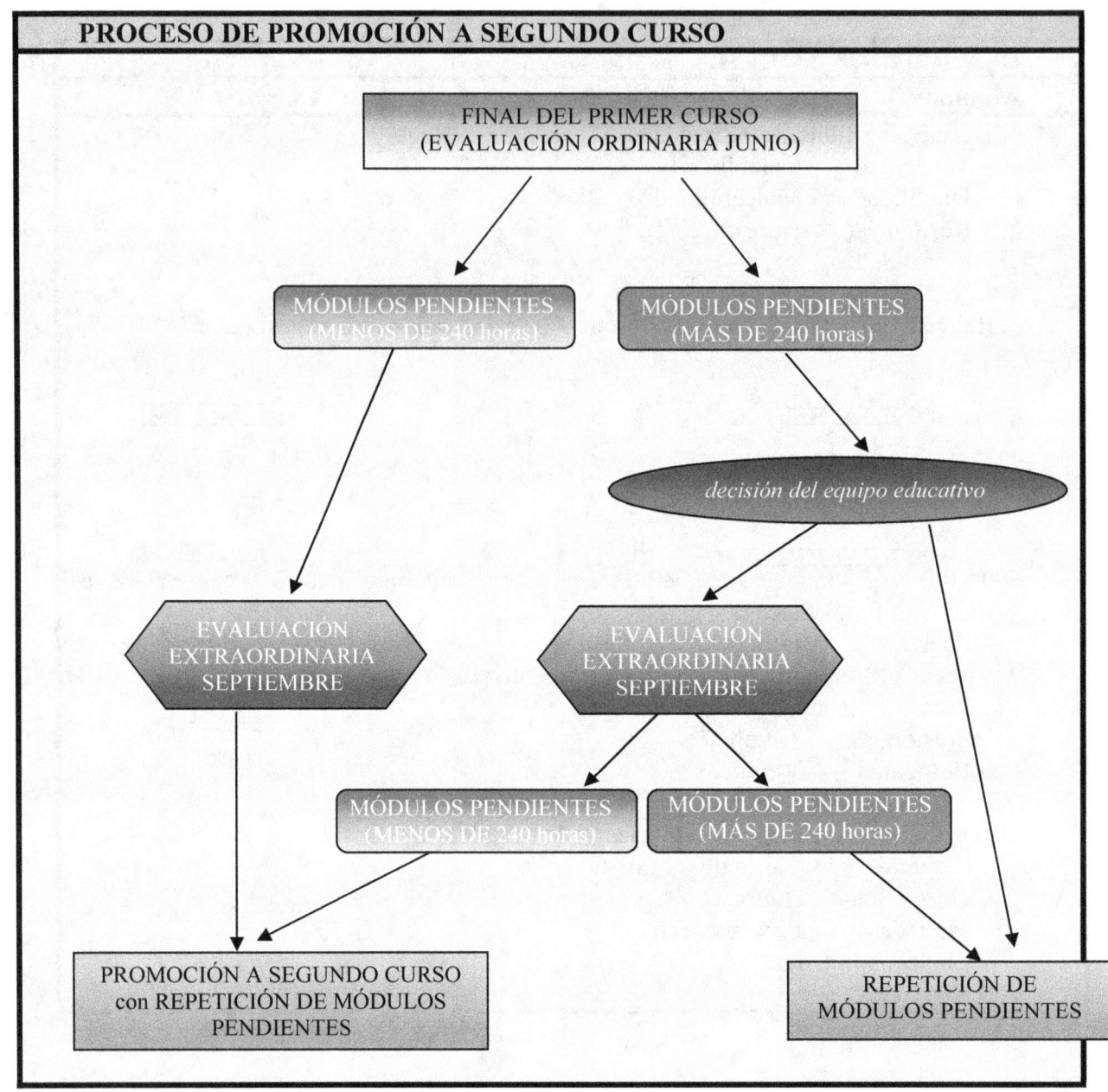

Materiales empleados en fabricación mecánica

## ANEXO VII. FICHA DEL ALUMNO (ANVERSO)

| FICHA DEL ALUMNO | | | | | | | | | | | | | | |
|---|---|---|---|---|---|---|---|---|---|---|---|---|---|---|
| Nombre y apellidos: | | | Fecha de nacimiento: | | | | | | | | | | | FOTO |
| Dirección: | | | Teléfono | | Móv | | | | | | | | | |
| CICLO: | | | MÓD | | | | | | | | | | | |

| | 1er TRIMESTRE | | | 2º TRIMESTRE | | | 3er TRIMESTRE | | | NOTA FINAL |
|---|---|---|---|---|---|---|---|---|---|---|
| | NOTA / TRIM | | | NOTA / TRIM | | | NOTA / TRIM | | | |
| ACTITUD | Participaci | Asistencia | ACTITUD | Participaci | Asistencia | ACTITUD | Participaci | Asistencia | ACTITUD | NOTA FINAL |
| PRUEBAS OBJETIVAS | Prueba | Prueba | PRUEBAS | Prueba | Prueba | PRUEBAS | Prueba | Prueba | PRUEBAS | NOTA FINAL |
| PROYECTO PRÁCTICO | Realización: | Memoria: | PROYECTO | Realización: | Memo | PROYECTO | Realiz | Memo | PROYECTO | |
| ACTIVIDADES | | | ACTIVIDADES (15%) | | | ACTIVIDADES (15%) | | | ACTIVIDADES (15%) | |

## ANEXO VIII. FICHA DEL ALUMNO (REVERSO)

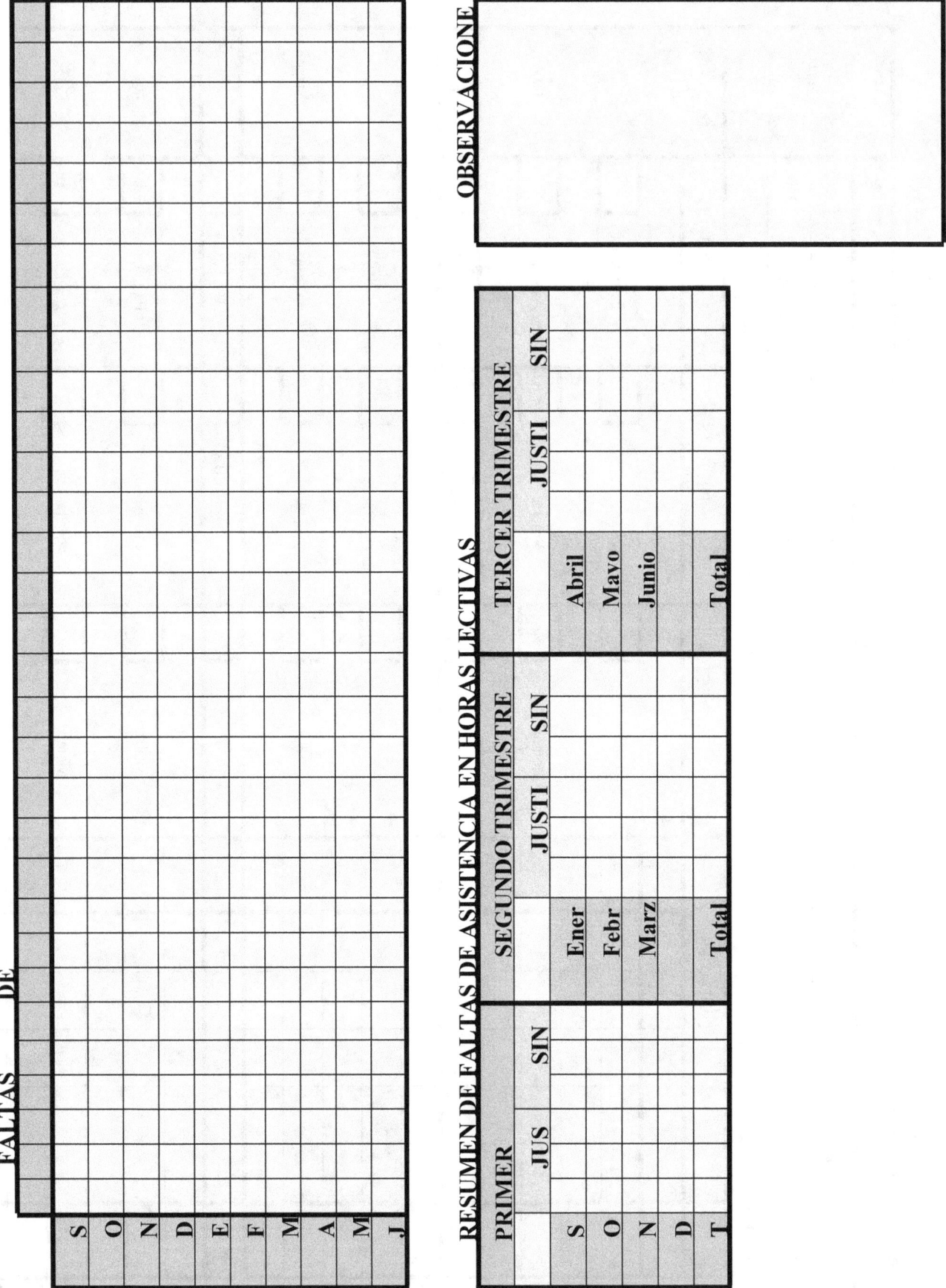

www.ingramcontent.com/pod-product-compliance
Lightning Source LLC
Chambersburg PA
CBHW081049170526
45158CB00006B/1910